天才假象
BOUNCE
Mozart, Federer, Picasso, Beckham
and the Science of Success

从刻意练习、心理策略
到认知陷阱

[英]马修·萨伊德 著
Matthew Syed

金玉璨 译

江西人民出版社

致迪丽斯

目 录

第一部分　天才神话

第1章　成功的内在逻辑 2
我的个人案例 /2
精英体制的误区 /6
何为天赋 /8
被高估的天赋 /15
心灵之眼 /19
知识就是力量 /27

第2章　神童之谜 39
神童一说 /39
三姐妹的故事 /46
人脑计算器 /51

第3章　非凡之路 55
未必有用的练习 /55
事半功倍 /59
大脑变形记 /66
创新的无限可能 /69
反馈回路 /72
学以致用 /77
零和博弈 /79

第4章　神秘的动力机制与改变人生的思维模式 82
豁然开朗 /82
动力的连锁反应 /85
再谈"天才神话" /90

语言的力量 /94
　　卓越大本营 /97
　　天才当道 /101
　　花园里的小棚屋 /105

第二部分　思维悖论

第5章　安慰剂效应 110
　　沙丁鱼罐头 /110
　　关键时刻的心理作用 /113
　　竞技中的安慰剂效应 /119
　　非理性乐观主义 /124
　　双重思想 /128
　　哲学结论 /131

第6章　避免"死机"的诅咒 133
　　悉尼的屈辱之战 /133
　　溺水的大白鲨 /135
　　大脑系统双城记 /138
　　心理大反转 /141
　　重审双重思想 /144

第7章　迷信与空虚 147
　　莫名其妙的规矩 /147
　　反高潮 /152

第三部分　深入思考

第8章　视错觉和透视眼 158

　　　　错觉与现实 /158
　　　　透视眼 /161
　　　　无意盲视 /164
　　　　致命盲视 /165

第 9 章　**黑人称霸径赛之谜**..................................**169**
　　　　闪电博尔特 /169
　　　　以偏概全 /171
　　　　遗传变异 /174
　　　　体育竞技版的《夺宝奇兵》/177
　　　　"黑人"叱咤体坛意味着什么 /184
　　　　成见威胁 /189

致　谢..................................192

后记　《天才假象》背后的故事..................................194

延伸阅读..................................198

出版后记..................................201

第一部分

天才神话

第 1 章　成功的内在逻辑

我的个人案例

　　1995 年 1 月，我头一次成为全英首屈一指的乒乓球运动员，听起来十分了不起。突然间，各大高校的演讲邀请函纷至沓来，那时我只有 24 岁；同学们听着我参加国际赛事的励志故事，被我随身携带的金牌闪得头晕目眩。

　　在英国，乒乓球是一项主流运动，仅仅是参与者就有 240 万，管理机构下有 3 万余家付费成员，还有上千支球队，一些成绩出色的运动员更是赚得盆满钵满。但是，为什么我就这么特别呢？又是什么特质让我脱颖而出，成为运动名将呢？我的优点是速度快，谋略高，有胆量，脑力好，会应变，反应快。

　　有时，我自己也会感到惊奇不已——这些优秀特质使得渺小的我独占鳌头，超越了成千上万志在登上金字塔尖的同行。更不可思议的是，我并不是含着金汤匙出生的富家子弟，我家位于英格兰东南部的普通市郊，我只是一个普通人家的孩子。我没什么"先天优势"，也没后门可走。我的成功是个体的成功，是我应对逆境的成果，我的成功之路就是一部个人版的《奥德赛》。

　　许多出类拔萃的运动员，或是其他领域的顶尖人物都会自然而然地选择以这种方式来讲述他们的故事。我们身处的文化环境鼓励宣扬这种令人热血沸腾的个人主义。在好莱坞，这种类型的故事屡见不鲜，并通常被包裹在美国梦这种情怀的糖衣之下。纵然,这些故事鼓舞人心,发人深省,令人情不自禁地开怀大笑,可又有几分是真实的呢?下面我将重新讲述乒乓球与我的故事,其中的不少桥段我曾经都选择了忽略,因为这样一来,故事的传奇色彩和能体现的个性特征都会大打折扣。

1. 乒乓球台

1978年,我父母(他们都不打乒乓球)不知怎么(具体原因现在仍是个谜)决定买个乒乓球台——极尽奢华,烫着金字——放在我家的大车库里。虽然我不知道确切数字,但是你能料到当时在我家乡,像我一样拥有一个锦标赛规格、标准尺寸球台的同龄人肯定没有几个。家里有车库的孩子就更少了,就算有人有车库,也大多把它当作储藏室了。这是我成功之路上第一件值得庆幸的事。

2. 哥哥

第二件值得庆幸的事是,我有一个和我一样爱打乒乓球的哥哥,他叫安德鲁。放学后,我俩能在车库里打好几个小时的球——对打、比赛,看彼此是否有长进,试验新的旋转打法,研究新球拍,邀请朋友来观赛。朋友们虽然更擅长其他运动,但看到我们哥俩进步神速,他们都很痴迷。在这样愉快的氛围中,不知不觉,我们的累计练习时长已达上千小时。

3. 彼得·查特斯

查特斯先生是我们当地的一名小学老师。他个子高高,长着两撇小胡子,一双眼睛闪闪发光。他对传统教学方法嗤之以鼻,酷爱运动。几乎所有课外运动俱乐部的教练都由他担当,包括校足球队;他还负责组织校运动日活动,监管羽毛球用具;他还发明了"桶球"运动,打法类似一种简易版的篮球。

不过,查特斯最关心的还是乒乓球。他曾是顶级国家教练,是英国乒乓球协会的资深老将。乒乓球以外的其他所有运动只是个平台,查特斯借此物色各路运动天才，然后坚决、彻底地把他们挖过来，让他们心无旁骛地打乒乓球。每个上过雷丁市奥尔丁顿学校的孩子都要参加查特斯组织的选拔赛，无一例外。他热衷于此，全身心投入其中，干劲十足；他说服这些潜力股去我们当地的欧米茄俱乐部进一步接受培训。

1980年，查特斯把我们兄弟俩招进了俱乐部。也正是在那一年，我家车库已不够我们施展拳脚了。

4. 欧米茄俱乐部

欧米茄并不是一家豪华俱乐部，是一间搭在砾石地上的棚屋，只有一个球台，离我家（雷丁市郊）有几千米。那里冬冷夏热，地上、房顶上杂草丛生。不过它有个优点：你在全英国再也找不出第二家像它这样全天24小时开放的俱乐部了，并且它只供俱乐部这一小群成员使用，给大家都配了钥匙。

我和哥哥将欧米茄全天开放的优势利用到了极致——放学后练，上学前练，周末练，假期还练。奥尔丁顿的其他校友也加入我们兄弟二人，他们当年都是被查特斯选中并挖来的。因此，到1981年，欧米茄引起了不小的轰动。单是银谷街（我的学校就位于这里）上汇聚的国家顶级运动员的数量之多，便令人瞠目结舌。

银谷街119号住着萨伊德一家。我的哥哥安德鲁成了英国历史上最成功的青少年运动员之一，1986年因伤退役之前曾三次斩获全国冠军。后来，查特斯称其为25年来英国出现的最优秀的年轻运动员。马修（我本人）也住在银谷街119号，是英国资深老将，成绩名列前茅；在漫长的运动生涯中，我三次问鼎英联邦运动会，两次参加奥运会。

凯伦·威特住在274号，就在奥尔丁顿学校对面。作为同辈青少年中最天赋异禀的女运动员之一，在其辉煌的乒乓球生涯中，凯伦获得了无数青年组冠军、国家级成年组冠军和其他各项比赛冠军，还曾卫冕声名远播的英联邦运动会。凯伦在25岁时因背伤退役，那时，英国的女子乒乓球成绩已经因为凯伦发生了不小的变化。

安迪·威尔曼住在萨伊德和威特家的正中间，即149号。他的实力不容小觑，有望继续获得一系列冠军，不过主要是在双打领域。在著名的欧洲12强赛中，他击败了一名英国顶级运动员；此后，不少人都对他望而生畏。

银谷街尽头住着的是另一名一流青年运动员——保罗·特罗特，杰出的国家级运动员基思·霍德也住在街尾。住在街角的有英国青年冠军吉米·斯托克斯、曾参加国际青年赛事的保罗·萨文、四次卫冕英国成年组冠军的艾莉森·戈登、顶尖运动员保罗·安德鲁斯，以及英国高校运动会冠军的获得者休·科利尔。如果这还不够，我还能继续列。

在20世纪80年代的一段时间里，银谷街及其周边地带培养出的卓越乒乓球运动员的数量比全英其他地方加起来还要多。英国有成千上万条街道，唯银谷街成绩傲人；英国上上下下有上百万学童，唯银谷街这一小群孩子如此优秀。银谷街是英国杰出乒乓球运动员的源泉，是英国乒乓球界的麦加，众人心驰神往。至于成因，是个不解之谜。

莫非是某种基因突变只在银谷街蔓延开来，而周围街道和村落却"安然无恙"？当然不是这样——银谷街的傲人成绩是多种因素共同作用的结果，全世界还有不少类似的有趣例子。偶尔，一些小地方就会一跃进入"人杰地灵"的行列。（例如，莫斯科的斯巴达克足球俱乐部虽一贫如洗，却在2005年至2007年期间培养出了不下20名一流的女球员，比整个美国培养出的还要多。）

需要特别指出的是，银谷街的所有天才运动少年都目不斜视地向成为乒乓球运动员而努力，所有志存高远的运动员都师出同一名门。至于我，因为家中车库里有个球台，而且我哥哥和我一样是个乒乓球发烧友，所以去奥尔丁顿读书之前，我就已经赢在了起跑线上。

精英体制的误区

我父母（愿上帝保佑他们）继续视我的成功为排除万难后获得的胜利，鼓舞人心，十分励志。这么描述确实不错，我也十分感谢他们。但我把本章初稿拿给他们看的时候，他们对整个观点提出了质疑——好吧，那迈克尔·奥德里斯科尔（我的竞争对手，来自约克郡）呢？你有的优势他一样不少，但是他就没成功啊。还有布拉德利·比林顿（我的另一位竞争对手，来自德比郡），他父母还都是国际知名的乒乓球运动员呢，他也没有成为全英乒乓球冠军。

这仅仅是被我称作"自我偏见"的一个略微不同的变体。我并不认为我是一个水平欠佳的运动员，而认为我拥有的优势不容小觑，是千百万年轻人缺乏的。实际上，我是一小部分人中最拔尖的。换句话说，我是相当大的一部分人中最优秀的，这一大部分人是指全国范围内和我拥有同等机会的极少数人。

可以肯定的一点是，如果全英有足够多的年轻人在8岁时就拥有一张乒乓球台，有一个球技了得的哥哥陪练，接受了全英顶级教练的培训，加入了全国唯一一家24小时开放的乒乓球俱乐部，并在十多岁以前就已经练习了上千小时，那我不会是全英第一运动员，我可能连全英第一千零一名都排不上。除非统计数据出现了严重错误，否则不会有别的结论（也就是说，我当然有可能成为全国第一，但是仅限于理论层面）。

我们总是认为体育是个靠本事说话的行当——成功是靠能力和勤奋赢得的，但实际并非如此。想想上千的乒乓球种子选手因为不够幸运而未能住在拥有绝对优势的银谷街，进而无缘冠军宝座；想想上千的网球选手，本来有望获得温网冠军，却因未获命运垂青，连副网球拍都没有，更没有受过专门培训；再想想潜在的上百万高尔夫球好苗子，因未能进入高尔夫球俱乐部而浪费了一身天赋。

实际上，经过仔细观察，你便会发现不论男女，每一个战胜困难、收获胜利的人都是非同寻常的客观环境的受益人。人们普遍错误地认为成功全凭个人本事赢得，从不认可——或是费心去看看——多方面契机协同产生的强大力量。

这也是马尔科姆·格拉德威尔在其著作《异类》(*Outliers*)中提出的中心观点之一。格拉德威尔认为比尔·盖茨、披头士乐队及其他杰出艺人的成功与"他们个人怎么样"没太大关系,而与"他们来自何方"有着千丝万缕的关系。"能站在君王面前的人似乎是凭一己之力走到这一步的,"格拉德威尔写道,"但实际上,他们一定都是潜在优势的受益者,是千载难逢的机遇的受益者,是文化遗产的受益者;在这样的基础上,他们才能刻苦学习,勤奋工作,以他人无法掌握的方式理解世界。"

无论何时,只要我有半点觉得自己独一无二的念头,我都会提醒自己——如果我生在顺着街道再往下数一家的那户,我就是另一个学区的了,这也就意味着我将不能在奥尔丁顿学校读书,永远不会遇见彼得·查特斯,也将永远无缘欧米茄俱乐部了。人们常说,竞技体育的胜负以毫秒衡量,但真相是,衡量胜负的变量令人捉摸不透。

不过我们有必要在这里暂停一下,思忖一下不同意见。也许你认同这个来势汹汹的观点——机遇是成功的必要条件,但它是充分条件吗?那些天赋异禀、鹤立鸡群的人又做何解释?难道挺进温网总决赛、获得奥运会冠军不需要这些天赋?还是说这些天生的技能对成为国际象棋大师、跨国公司的首席行政官来说无足轻重?你觉得自己(或你的孩子)能够在没有这些难得天赋的情况下就博得满堂彩,这难道不是痴人说梦?

自从英国维多利亚时代的通才——弗朗西斯·高尔顿(Francis Galton)出版了《遗传的天才》(*Hereditary Genius*)一书以来,现代社会就一直抱有这一长久不变的假想。在书中,高尔顿利用其表兄查尔斯·达尔文的深刻见解,提出了人类成就理论学说,该学说迄今仍占据着相当高的地位。

"我意欲告诉世人,"高尔顿写道,"一个人的天赋才能是遗传而来的,所受限制因素和整个生物界中物种外形及体貌特征在遗传时所受的限制一模一样……我没空去理会那些假说……天生漂亮的婴儿长相是相似的,而产生差别的唯一方法……是持续的努力以及德育的作用。"

第1章 成功的内在逻辑 | 7

如今，天赋与才能定成败的观点十分有影响力，已被广泛接受，无人反对。这似乎无可争辩。我们在目睹罗杰·费德勒（Roger Federer）在对角线位置轻松正手击球并获得冠军，国际象棋大师蒙着眼同时下20局棋，泰格·伍兹（Tiger Woods）打出350码①的控制弧线时，便不由得出结论——他们所拥有的特殊天赋是不会和我们共享的。

这些技能于我们而言有着质的差异，离我们的生活和经验太过遥远。如此看来，倘若拥有同样的机会，我们也能取得同水平成绩的这一想法简直荒唐可笑。

我们用来描述这些杰出人才取得的傲人成绩所用的比喻助长了这种想法。例如，人们说罗杰·费德勒"娘胎里就带着会打网球的基因"，泰格·伍兹被称作"为打高尔夫而生"。这些表现一流的运动员也赞同这种想法。迭戈·马拉多纳曾经声称自己一出生就"自带超凡球技"。

但是，天赋真如你我所想吗？

何为天赋

1991年，佛罗里达州立大学（Floride State University）的心理学家安德斯·埃里克森（Anders Ericsson）和他的两位同事就"是什么造就了卓越表现"这一问题进行了深入的调查，调查范围之广是前所未有的。

研究对象是来自声名远扬的德国柏林音乐学院的小提琴手，他们被分成三组。第一组由最拔尖的学生组成——他们有望成为国际小提琴独奏家，站在乐器演奏领域的顶端。通常，在大众眼中，这些孩子是超级天才，可能是因为他们太过幸运，生来就带有特殊的音乐基因。

第二组学生也相当优秀，但水平还是比不上顶级演奏家。这些学生最终有望

---

① 1码≈0.9米。——编者注

在世界顶级管弦乐队里占有一席之地，不过做不了明星独奏者。最后一组的演奏水平最低：这些少年的学习目标是为了日后当个音乐老师，和前两组相比，这个门槛太低了。

三组研究对象水平的高低是根据教授给出的评价决定的，外加客观衡量标准的进一步落实，如在公开竞赛中所取得的名次。

经过一番煞费苦心的调查与询问，埃里克森发现三组学生的个人求学经历非常相似，在求学计划方面没有任何差异——他们都是在8岁左右开始练习的；也正是在这个岁数，他们都开始接受正规教育；他们首次决心成为音乐家，也都是在将近15岁的时候；他们平均跟随过4.1个音乐老师；除小提琴以外，他们学习过的乐器的平均数量都是1.8。

但是各组之间有一项差异十分引人注目，令人始料未及；说真的，这个差异太显眼了，几乎是跳到埃里克森和他同事眼前的——认真练习的时长。

最优秀的小提琴家在20岁前练习的平均时长就已经达到了1万个小时，比水平不错的演奏者们多练习了2 000个小时，比希望成为音乐老师的演奏者多练习了6 000个小时。这些差异的重要性不仅限于量的层面，已经引起了质变，足以使他们技压群雄。为了成为演奏大师，顶级演奏家比常人多付出了上千小时。

但这并不是研究结果的全部。埃里克森还发现，这一结论没有例外——所有进入精英行列的学生都是下了苦功的；凡是用尽全力的学生，没有不成功的。让自己脱颖而出的唯一方法就是志在必得地练习，练习，再练习。

这些发现着实令埃里克森及其同事大吃一惊，他们觉得自己是在告知世界，范例已经发生了变化，卓越不再是人们理解的那样。起根本和决定性作用的是勤奋，不是天分。"我们认为技能层面的差异不是永恒不变的，并不由与生俱来的才能决定，"他们写道，"相反，我们认为专家和普通人在演奏水平方面的差异反映出，前者为了提升演奏水平，终生都在坚持不懈、坚定不移地努力着。"

本书第一部分旨在让你相信埃里克森的观点是正确的，相信天赋不是你所想的那样，相信你能够完成各种各样的事情，即使它们远远超出了你现阶段的能力范围，进而帮你打开一片新天地。这可不是借着积极思想的东风泛泛而谈。更确切地说，这些理论将会在最近的认知神经科学的研究结果中得到进一步佐证，证明专门的练习能彻底提升人的水平。

归根结底，何为天赋？许多人确信他们看到便知，他们相信可以通过观察一群孩子的动作、与他人互动和适应环境的方式，从庸才里辨出天才，因为成功的必要基因都隐藏在其中。正如一位著名小提琴院校的常务理事所说的那样："最好的小提琴教师可以在年轻的音乐学子身上发现天赋的存在，天才注定生而不凡。"

但是，老师怎么知道这位看起来天赋异禀的英才是否在幕后经过了特殊训练，才如此卓尔不群？她又怎么会知道经过数年的练习，这位天才少年和其他庸才最初的能力差异还会不会存在？实际上，她并不知道，大量实验研究也证明了这一点。

例如，一项关于英国音乐家的调查发现，与水平略逊的演奏者相比，顶级演奏家的学习速度并没有更快：以小时为单位进行对比，各组均在以相同的速度进步。差异只在于顶级演奏家练习的时间更长。进一步研究表明，顶级演奏家早期的音乐天赋源于父母在家中对其进行的额外辅导。

那神童是怎么回事呢？他们小小年纪就在各自领域内达到了世界级水平。难道不是因为他们的学习速度快于常人？还真不是。读到下一章，你们就会明白，也许表面看来，神童达到登峰造极的水平只花了与普通人无异的时间，但事实是，他们已经将天文数字般的练习时间压缩到从出生到青春期这段短暂的时光中了。

正如基尔大学（Keele University）心理学教授约翰·斯洛博达（John Sloboda）所说的那样："没有证据表明高水平表现者有捷径可走。"有史以来最成功的高尔夫运动员之一杰克·尼克劳斯（Jack Nicklaus）也发表过相同的观点："所有人，无一例外，要想成为高尔夫大师，必须勤学苦练，多多思考与挥杆。大部分运动员灰心丧气，不是因为缺少天赋，而是因为缺少一如既往打出好球的能力。而解决这一问题的唯一途径就是练习。"

拓宽视角，你就会得出相同的结论——练习才是最重要的，埃里克森的调查研究也表明了这一点。人类努力钻研的所有领域的门槛都在急剧变高。拿音乐领域来说，1826年，当弗朗茨·李斯特创作了《十二首超级技巧练习曲》，那时人们认为这些曲子几乎是无法演奏的；而今天，每位顶级钢琴家都会弹奏。

在体育领域也是如此。1900年奥运会男子100米的最快速度是11秒，在那时是个奇迹；而在今天，这个速度的选手连进入全国高中总决赛的资格都没有。1924年奥运会跳水项目禁止空翻两周这一动作，因为太过危险；而如今，它已成为必做动作。1896年奥运会马拉松的最快速度只比今天波士顿马拉松的门槛速度快几分钟，如今上千名业余马拉松爱好者都能达到。

学术界的入门标准同样急剧上升。13世纪的英国学者罗杰·培根（Roger Bacon）认为掌握数学至少需要三四十年；而如今，每个大学生都会学习微积分课程。各个领域都是如此。

但重点是，各个领域内之所以会出现这些进步，不是因为人们的天赋越来越高，达尔文进化论发挥效用的时间跨度远长于此。因此，进步的出现是因为人们肯花更长的时间去练习，下了更大的苦功（人们也越来越专业），而且头脑更加聪明了。是大量高质量的练习，而不是基因，促使进步出现的。那么，如果这一现象适用于整个社会群体，我们为什么不承认它也适用于个人呢？

那么问题来了：要练习多久才能取得卓越成就？针对这一问题，大量研究给出了一个十分确切的答案：想要在任何复杂领域达到世界顶级水平，至少需要练习10年，从艺术到科学，从下棋到网球，都是如此。

就拿国际象棋来说，两位美国心理学家赫伯特·西蒙（Herbert Simon）和威廉·蔡斯（William Chase）发现，国际象棋大师都有过"不下十年的高强度备战比赛的经验"。约翰·海耶斯（John Hayes）还发现在作曲方面，要想取得卓越成就，十年苦功是必不可少的，这也是他在《问题终结者》(The Complete Problem Solver)一书中提出的中心论点。

有一项研究对20世纪的9位顶级高尔夫运动员进行了分析，发现他们都是在大约25岁时第一次问鼎国际比赛，平均计算，在那之前，他们已经打了十多年的球。在很多领域，人们都能得出相同的结论，包括数学、网球、游泳、长跑等。甚至在学术界里都是如此。一项研究调查了19世纪最重要的120名科学家及123名最著名的诗人和作家，发现他们传世佳作的问世距离处女作的完成约有十年的时间。于是乎，十年是个魔法数字；要想出类拔萃，十年苦功是必不可少的。

格拉德威尔在《异类》中指出，顶级的演奏家每年练习约一千个小时（若练习时长多于此，练习质量便无法得到保证），所以他将"十年法则"改写为"一万小时法则"。这是习得任何复杂领域内专业知识所必需的最低时长。毫无疑问，埃里克森实验中顶级小提琴手的练习时长都不低于此。

现在，想想看那些对自己的潜力视而不见的人，你是不是经常听到他们说"我天生就不是个学语言的料"，或者"我就没长个适合学数学的脑子"，又或者是"我就没有运动协调能力"？他们如此悲观消极，但是证据呢？通常情况下，无非就是三心二意地努力了几个月就半途而废了。科学告诉我们，要想进入精英行列，上千小时的练习是必需的。

在继续讨论之前，我们有必要对接下来的几章做个强调说明：上文中所有观点的核心将会对我们选择何种方式生活产生深远影响。倘若我们认为卓越完全取决于天赋，只要初期出现了能力不足的迹象，我们可能就会放弃。而鉴于所设前提，这种行动是完全合理的。

但是，倘若我们相信天赋不会（或只会轻微）影响我们在未来取得的成就，我们有可能会坚持下去。而且，我们会竭尽全力，为自己和家人争取良好条件——跟随最好的老师、进入最好的学校学习，这些是通向巅峰道路的推进力。并且，我们若是选对了努力的方法，最终必然会卓尔不群。到那时，我们赋予天赋的意义几乎不值一提。

我想以《异类》中的一个例子作为这一小节的收尾。在对卓越定义的现代研究中，曾有一个例子引发人们对卓越的两个相关概念展开深刻思考，这两个概念便是机遇和练习的重要性。

这件事发生在20世纪80年代中期。加拿大心理学家罗杰·巴恩斯利（Roger Barnsley）和家人在莱斯布里奇市观看野马队的冰球比赛，他妻子迅速翻阅节目表后，告诉他一个看似惊人的巧合：许多比赛选手的生日都在年初。

"刚开始我觉得她在胡说，"巴恩斯利对格拉德威尔说，"但我浏览了一下，她说的那个巧合突然出现在我面前。由于某种原因，相当多的选手都生于1至3月，数量之多令人难以置信。"

这是怎么回事？难道基因突变只作用于这些年初出生的加拿大冰球球员身上吗？这是不是和年初星宿的排列有关？

实际上，原因很简单：加拿大冰球球员选拔是以年龄为基准的，截止日期是每年的1月1日。也就是说，与一个1月出生、10岁左右的男孩并肩打球的是一个几乎比他小1岁的男孩。对处在那个年龄段的孩子而言，年龄上的细微差异会表现为体格发育方面的巨大差异。

格拉德威尔的解释如下：

> 这就是加拿大，这个全世界对冰球最为狂热的国家。教练专挑9至10岁的孩子组成代表队——全明星战队，人们也自然将这些孩子视为天才少年和更加成熟、协调能力更出众的球员，因为他们稍长他人几个月的年龄是十分关键的优势。
>
> 冰球球员被选为代表队成员后，会发生什么呢？他会接受更好的训练和指导，与水平出众的队员一起练习，一个赛季能打50到75场比赛，而不是20场……十三四岁之前，由于已经接受了优于常人的训练和指导，加上所有的额外练习时间，他会变得特别优秀。这样一来，他成功入选青年冰球联赛的可能性就更大，之后就能跳去更大的联盟。

运用出生日期的偏态分布原则来选球员的不只有加拿大冰球联盟，欧洲的青年足球队和美国的青年棒球队也这么做。实际上，大多数体育竞技项目在遴选运动员时都是以年龄为基准,按年龄分组是塑造明日之星的必要步骤。

精英之谜也就不攻自破了。与落后者相比,那些(至少在某些体育竞技领域)出类拔萃的人的天资及努力程度未必高于后者——前者可能就比后者年岁稍长而已。出生日期的随机性产生了一连串影响,用不了几年,一道不可逾越的鸿沟就形成了,而鸿沟两端的人原本是具有相同潜力的,都能成为明日之星。

当然了,出生月份只是这世上塑造成功及失败模式的众多潜藏力量中的一种。不过这些力量都有一个共同点,至少在提及取得卓越成绩时是这样的——它们能否为人们提供获得正规训练的机会,将影响人们所走的道路。一旦人们有机会得到训练,光明前景便指日可待。不过要是机会渺茫或是压根就没有获得训练良机,那么再多的天资也无法帮助你获得成功。

我个人练习乒乓球的经历就是最直观的例子。我之所以能先同班同学一步,赢在起跑线上,就是因为我家车库里有张乒乓球台,还有个哥哥陪我练球。虽然这一"先机"无足挂齿,但它足以创造出大不相同的发展轨迹,长远看来,影响力不容小觑。我出众的才能被视为天赋异禀的表现(而不是不为人知的练习所致),我因此被选为校队的一员,训练课程就更多了。然后我进了本地的俱乐部欧米茄,之后就是地方队,再后来就是国家队。

几年后,我有幸参加了一场校级表演赛,我所掌握的技能和班上的其他同学完全不同。他们看着我从赛场的各个地方击球,跺脚欢呼。他们惊叹于我娴熟的技巧和良好的协调能力,以及其他使我脱颖而出的运动"天赋"。但是这些技能都不是生来就有的;在很大程度上,都是机缘巧合。

同样,不难想象,一名观众站在青年冰球联盟比赛的看台上,敬畏地望着自己曾经的同班同学击进精彩绝伦的制胜一球。想象一下,他起身鼓掌喝彩,和朋友们一起在赛后举杯庆功,一边对偶像的精彩表现赞不绝口,一边回忆自己曾经和偶像同校并肩打球的日子。

现在,假设你告诉那个冰球观众,他的偶像看似拥有异于常人的天赋,但如果早出生几天,没准他现在就在当地一家五金店打工了。这个明星球员本来可以竭尽全力以获得冠军，但由于外力太过强大，令人难以抗拒和改变，他的雄心壮志可能早已灰飞烟灭了。

然后，假设你告诉那个冰球观众，其实他自己也有可能成为一位明星冰球运动员，只要他母亲当年能晚几个小时生他——不是12月31日，而是1月1日。

他可能会觉得你疯了。

被高估的天赋

假如我一个接一个地随机念几个字母，时间间隔为1秒，你觉得你能跟着我重复上来几个？我们就用下面的字母做试验。按顺序读，每个字母间停顿一两秒。等你读完最后一个时，合上书，看自己还记得多少。

J E L C G X O R T N K L S

我猜你记住了六七个。如果结果如此，就证明了出版于1956年，由普林斯顿大学的乔治·A. 米勒（George A. Miller）撰写的最具盛名的认知心理学论文的基本原则是可靠的。该论文的题目是《神奇数字7，加或减2》（*The Magical Number Seven, Plus or Minus Two*）。在这篇论文中，米勒表示，大多数成年人的短期记忆能力可扩展至7件事，而更大的记忆容量需要注意力高度集中和不断重复。

1978年7月11日，在匹兹堡卡内基梅隆大学（Carnegie Mellon University）的心理学实验室，一项关于记忆力的壮举诞生了，受试者被称为"SF"。这个实验是由著名心理学家威廉·蔡斯和安德斯·埃里克森完成的。（晚些时候，埃里克森在柏林做了关于小提琴手的调查研究。）

他们用数字测试SF的短期记忆能力。测试中，研究员随机读了一串数字，每个数字间隔1秒，然后让研究对象按顺序尽可能多地说出这些数字。在文献中记载的这一天（1978年7月11日），实验人员要求SF回忆出22个数字，这可不是个小数字，足以令人大吃一惊。SF完成这一"壮举"的过程记载如下，杰夫·科尔文（Geoff Colvin）在其著作——《哪来的天才？》(Talent is Overrated) 中这样描述：

> "好，好，好，"埃里克森给他读完数字后，他喃喃自语着。"好！就这样吧。哦……天哪！"他拍了三次手，声音巨大，然后慢慢安静了下来，似乎专注了些。"对，可以了……413.1！"他大叫。他喘着粗气，"77，84！"他几乎是尖声叫道："哦！6！哦！3！"现在他是真的在尖叫了："494，87，哦！"停了一下，又尖叫道："946！"现在就剩一个数字没说了，就差一点儿了——"946点……哦天哪，946点……"他尖叫着，听起来绝望极了。最后，声嘶力竭地说道："点2！"
>
> 他终于完成了。在埃里克森和蔡斯检查结果是否正确时，门响了。是学校的警察来了。他们接到举报说有人在实验区大喊大叫。

这着实令人跌破眼镜，扣人心弦，不是吗？不过SF完成的这项记忆壮举只是个开端。没过多久，SF能用短期记忆记下的数字达到了40个，然后是50个。最终，经过约两年共230个小时的训练，SF能记住82个数字。这真是了不起。不过要是我们只看到了结果而非过程，我们一定会下结论说这一"壮举"是特殊"记忆基因"的产物，是"超能力"的产物，或用其他描述"专家表现"（expert performance）的词语叙述这一"壮举"。

埃里克森称其为"冰山错觉"。我们目睹的某些记忆力相关的奇迹（或是体育竞技领域的非凡才能，或是艺术领域的杰出才能）其实是经过数以年计的"加工处理"过程后产生的最终产品。我们看不到的水面下的证据是不计其数的训练时间，正是大量的时间投入才换来了大师级的表演水平。坚持不懈的练习使得他们熟练掌握了技巧和表演形式，可以毫不夸张地说，心无旁骛的潜心训练改变了表演大师的身体内部组织构造及神经结构。我们可能就是把自己没能亲眼见证的这些称作了神秘的成功逻辑学。

这又回到了"一万小时定律"上，不过这回我们要深挖该定律的含义、科学出处及其在现实生活中的应用。

研究员们选SF作为实验对象时，心中是有个标准的：他的记忆力不过是一般人的水平。他刚开始接受训练时只能记住六七个数字，和你我没什么差别。所以，他最终所达到的惊人水平必定和天赋无关，而是后天练习所致。后来，SF的一个朋友能记住102个数字，这就表明先前SF并未到达极限。正如埃里克森所说的那样："显然，通过练习，记忆力可以无限提升。"

花时间仔细想想这句话吧，因为它是一句革命性的表述。这句话之所以具有颠覆性，并非因为它是针对记忆力而言的，而是因为它预示着只要天赐良机，自己又肯付出时间与精力，任何人都能达到顶尖水平。在过去30年里，埃里克森以突破性的发现揭开了成功逻辑学的奥秘，涉及形形色色的其他领域——体育、棋牌、音乐、教育以及商业。

"我们一次又一次地见证着'普通'成年人的非凡潜力，经过训练，他们便能不断进步，着实了不起。"埃里克森说。这无异于一次彻底的变革，颠覆了我们对专业水平的认知。悲哀的是，我们大多数人依然抱着那些错误观念过活，尤其是我们一边埋头苦干，一边认定只有拥有特殊天赋的特别人才才能成为专家，普通人是办不到的。

那么，SF是怎么办到的呢？我们再来回顾一下记忆字母练习。我们知道，通常情况下，只要稍微分心，或是没有一直重复那几个字母，想记住七个以上的字母是相当困难的。现在，试着记住下面的13个字母。如果你的英语足够好，我想你肯定没费半点力气就记住了，甚至可能一点心思都没费，读都没读完。

ABNORMALITIES

小菜一碟吧！为什么会这样呢？简单解释一下，就是这些字母是按顺序排列的，是有规律可循的，大家都十分熟悉。可以这么说：你把这串字母编码进一个高度有序的结构里（即一个单词），从而完整地背出了所有字母。心理学家称其为"组块"（chunking）。

现在，假设我随机写下一串单词。根据先前的经验，你也许能记住六七个。

短期记忆一般能比较轻松地记住这么多。但要是按每 13 个字母构成一个单词这样计算的话，你就能记住约 80 个字母。通过组块的方式，你能记住的字母数量和 SF 能记住的数字数量不相上下。

回过头思考一下 SF 的数字记忆之战，他当时不停地说着类似"3-4-9-点-2"的话。为什么呢？杰夫·科尔文解释道："当他听到数字 9、4、6、2 时，他把它们想成 9 分 46.2 秒，这对两英里赛跑而言是个不错的成绩。同样，4、1、3、1 就变成了 4 分 13.1 秒，跑一英里所用的时间。"

SF 所构建的"单词"实际上是一种记忆术，依据的基础是他先前参加跑步俱乐部的经历。心理学家称其为"提取结构"（retrieval structure）。

现在，我们去象棋界一探究竟吧。你会发现国际象棋大师都有着惊人的记忆力，不看棋盘都能同时下好几盘棋，复杂程度令人难以想象。在 1925 年的巴黎，俄罗斯国际象棋大师亚历山大·阿廖欣（Alexander Alekhine）曾在双眼被蒙住的情况下同时下 28 盘棋，赢了 22 局，平了 3 局，输了 3 局。

诚然，这些"奇迹"都说明了这些大师的心理力量十分强大，令你我这样的凡夫俗子望尘莫及。但事实果真如此吗？

1973 年，威廉·蔡斯和赫伯特·西蒙设计了一个极其简单的实验来一探究竟（蔡斯就是该实验之后给 SF 做实验的那个研究员）。他们的实验对象由两个小组构成——一组是象棋大师，另一组是象棋新手。心理学家向他们展示了棋盘，棋盘上摆着 20 到 25 个棋子，就像普通的棋局一样。展示过程十分简短，然后，他们要求实验对象回忆出所有棋子的摆放位置。

正如所预见的那样，大师们能一个不落地回想起所有棋子的位置，而新手们只能记起四五个。不过该实验的精髓还在后面。在下一轮测试中，步骤不变，不过这次棋子可不是像普通棋局那样摆放，而是随机摆放的。这一次，新手们能记起的位置仍然不超过 5 个。但令人瞠目结舌的是，那些下了快一辈子象棋的大师也好不到哪儿去：在回忆第六或第七个棋子的时候，他们也被难住了。这再一次证明，根本不存在特殊记忆能力。

那究竟是怎么一回事呢？简而言之，大师们看到棋盘上"错落有致地"摆放着的棋子时，就像我们看到了单词。长时间下棋积累下来的经验使得他们只需全神贯注地看上几眼就能将棋子编码和组块；同样，我们对语言的熟悉程度使得我们能将字母构成一个模块——一个我们熟悉的单词，进而实现快速记忆。这项技能源于多年来对相关语言的熟悉度，和天赋无关。一旦棋子随机摆放，象棋语言被破坏，象棋大师看到的就是一堆杂乱摆放的字母，和我们这些普通人没什么两样。

在桥牌等其他游戏中，人们也有类似的发现。这些例子一次又一次地表明，大师们的惊人才能不是生来具备的，而是在多年付出后习得的，而且一旦超出其特定的专业领域，大师们也无所适从。就拿 SF 来说，虽然他已经具备了记住 82 个数字这项惊人才能，但要是让他记辅音字母，他最多还是只能记住六七个。

现在我们该换挡了，带着这些深刻见解去体育竞技领域一探究竟吧。

心灵之眼

2004 年 12 月，我和前温网冠军、德国选手迈克尔·施蒂希（Michael Stich）在伦敦西部的一家豪华运动场海港俱乐部打了一场网球。这场记者对抗顶尖网球运动员的表演赛属于一场推广活动的一环，旨在宣传将在伦敦皇家阿尔伯特音乐厅举办的竞赛。表演赛中的大部分是轻松愉悦的——施蒂希演技夸张，把记者们遛得满场乱跑，引得观众乐不可支。然而，等我对阵施蒂希的时候，我想做个小实验。

我让施蒂希以最快的速度发球。他是网球史上发球速度最快的男子运动员之一——个人最高时速可达 215 千米。我非常好奇，想看看经过二十多年的乒乓球国际赛事的锻炼，我是否具备回这种高速球的能力。面对我的请求，施蒂希彬彬有礼，微微一笑，表示赞同。然后花了足足 10 分钟做热身运动，放松肩膀和身体，以在最大程度上达到人球合一。观众们——约 30 个俱乐部成员——突然变得无比好奇，气氛也变得有点紧张。

施蒂希回到赛场上，轻挥汗水，拍打着网球，视线越过球网扫来，这是他的习惯性动作。我蹲伏着，注意力更加集中，像个弹簧一样随时待命。我相信自己能接住这个球，虽然我也没把握这球是否只是个柔缓的中场线挑高球。施蒂希把球向高空抛去，挺胸后仰，然后以迅雷不及掩耳之势完成了发球动作。我眼见球还在拍上，球却已经嗖的一声擦过我的右耳，速度之快赛过一阵旋风。球闷声击中我身后的绿帘子时，我的头都没来得及转过去。

我直挺挺地站着，呆若木鸡，见到我这样，施蒂希别提有多高兴了，观众也高兴得不得了，好多人都欢呼着，大笑着。我真是搞不懂，球怎么就能不费吹灰之力地从他的球拍跑到了球场上，然后咻的一声从我头旁边擦过。我让他再发一球，然后再发一个。他连发 4 个 ACE 球直接得分，然后走到球网边，耸了一下肩，拍了拍我的背。他说发最后那两个球时他放缓了速度，想给我一个反击的机会。我完全没发现。

有了这样一败涂地的惨痛经历，大多数人都会断定，那些能够对时速 200 千米的发球做出反应（且不说接球）的人必定生来就有超快的反应速度——有时候也叫本能，这种速度就是人类能力的极限了。正是这一结论跳进你的脑海，对你产生了严重影响，让你觉得球简直像火箭一样擦过你的鼻子，能毫发未损就是万幸了。

但是，我是完全不可能得出这个结论的，为什么呢？因为只要换一个环境，我也能反应如此之快，令人叹服。站在乒乓球台前，我在眨眼间就能反应过来，打个漂亮的回防，杀对方个片甲不留。对网球而言，接发球的反应时间约为 450 毫秒；而乒乓球更短，只有不到 250 毫秒。那么，为什么我打乒乓球的时候行，一到网球就不行了呢？

1984 年，在布莱顿大学（University of Brighton），英国有史以来最伟大的乒乒球运动员德斯蒙德·道格拉斯（Desmond Douglas）坐在一个有一连串触摸感应点的屏幕前。研究人员告诉他，触摸点会被点亮，顺序随机，他的任务就是在下一个点亮起之前，尽可能快地用他惯用手的食指按一下上一个发光点。道格拉斯的所有队友都已经做完测试，他们戏称他为竞争对手，就像在赛场上一样，这样一来，他更跃跃欲试了。

第一个点亮了，紧接着，第二个也亮了。每回道格拉斯用手指猛按上一个点的时候，他的眼睛盯着屏幕，等下一个点亮。一分钟后，测试结束，掌声雷动。

（我也是人群中的一员。我是道格拉斯的队友，当时13岁，第一次参加青年集训营。）道格拉斯笑容满面，研究员离开房间去收集结果。5分钟后，研究员回来了。他宣布，道格拉斯的反应速度是整个英国队中最慢的，比所有后辈都慢，也比新学员慢，甚至还不如球队经理。

直到今天，我都记得当时所有人倒吸一口气的场景。结果不应该是这样的。在世界乒坛，道格拉斯被公认为反应速度最快的运动员之一。退役超过10年后，他依旧享有此美名。他的标志性姿态就是腹部离球台边缘十几厘米远站立，以闪电般的反应速度让球从乒乓球拍上弹起，令全世界观众拍手叫绝。他的球风狠辣，就连中国最优秀的、以极速享誉世界的乒乓球运动员们都要忌惮他几分。可是科学家却告诉我们，他是整个英国队里反应最迟钝的。

起初，大家都震惊了，然后哄笑着把研究员赶出了房间，此情此景实属意料之中。他被告知机器肯定出现了故障，他测量的数据有误。后来，英国球队经理告诉布莱顿大学的科研人员，运动员们不会再参与测试了。体育科学在当时还是个新鲜玩意儿，经理之所以同意参与这项活动，是想看看队员们是否能从这些深刻见解中获益，但是实验似乎证明，这对乒乓球教学毫无裨益。

包括那个不幸的研究员在内，没有任何人相信这个事实：道格拉斯的反应速度确实是全队最慢的，而他在乒乓球场上的神速是反应速度以外的某些因素作用的结果。它们是什么呢？

我站在英格兰西北部的利物浦约翰摩尔大学（Liverpool John Moores University）的一间房间里。我面前是一个大屏幕，屏幕上有一个虚拟球场，球场另一端是一个真人大小的网球运动员的投影。眼球追踪系统瞄准我的眼睛，我脚下还有感应器。这些都是马克·威廉姆斯（Mark Williams）设计组建的，他是该大学的运动行为学教授，可以算是世界范围内运动感知技能领域的翘楚了。

马克按下播放按钮，我的"对手"便在我眼前挺胸后仰，抛球发球。我全神贯注，眼睛都不眨一下，不过我已经展示出了我接不住施蒂希发来的球的原因。

"你的关注点不对。"马克说。"一流的网球运动员在接球时，看的是对手的躯干和髋部，这样才能抓住视觉线索，知道对手要向哪里发球。就算我在球被接住之前就暂停画面，经验丰富的接球人依然清楚球会从哪里来。而你关注的则是对手的球拍和手臂，视野范围太宽广了，导致你对球的未来路径几乎一无所知。这样一来，即使你的反应速度快到前无古人后无来者，你依旧无法与球'心灵相通'。"

我让马克重播一次带子，调整了自己的关注点，把注意力都放在信息量大的部位，结果反应却更迟缓了。马克笑着说："不是只知道看哪里那么简单，你还要理解你的关注点的意义何在。你看的是运动模式，是不易察觉的、姿势传递出来的线索，你进而会从中提取信息。一流的网球运动员很少全神贯注地盯着对手看，关键信息于他们而言是'短期记忆模块'。"

回过头想想国际象棋大师吧。你一定记得他们在看棋盘时看到的是"单词"，也就是说，得益于他们多年来追求"好棋"的经验，棋子的摆放位置于他们而言就是组块后的状态。现在看来，网球如出一辙。

罗杰·费德勒接球时展现给世人的，不是异乎常人的迅猛反应速度，而是他能从对手的发球动作中提取更多的信息，窥探到更多的视觉线索，所以和常人相比，他能更早、更迅速地就位。反过来，这也使得他有机会击出正手斜线球，一举制胜，而不是无力应对，被对方将死。

这一革命性的分析可扩展至整个竞技体育领域，从羽毛球到棒球，从击剑到足球。一流运动员不是生来就比常人敏捷（同理，象棋大师也并没有优于常人的记忆力）；其实，他们只是比常人更能有意识地提取信息，进而先发制人。例如，在板球运动中，早在投球手发球前 100 毫秒，一流的击球手就已经清楚自己应该用哪只脚来完成假动作了。

正如麦克马斯特大学（McMaster University）的运动机能学退休荣誉教授珍妮特·斯塔克斯（Janet Starkes）所说的那样，"对信息充分、预先的提取似乎造成了一种时间悖论，让人们错觉技巧高超的运动员似乎能将时间玩弄于股掌之上。其实这源于对熟悉情境的掌握，以及将感知到的信息编组为有意义系统和模式的能力，这些都会加速动作处理的进程。"

有一点十分重要，值得注意——这些都不可能是与生俱来的技巧。费德勒不是一降临人间就知道接球的时候该看哪里，怎样高效地提取信息；正如 SF 也不是生来就有特殊的记忆力（他的记忆力并不优于常人，就是因为这一点，埃里克森才选中了他）；象棋大师也不是生来就具备记忆棋子位置的技能（记住，棋子随机放置时，大师们优势全无）。

实际上，费德勒的优势都是靠经验积累来的；更准确地说，是一万多个小时的训练和比赛给了他解码微小动作模式的含义的机会。他辛勤努力，煞费苦心，才获得了这些优势。他能够看穿对手动作的路数，同样，象棋大师也能识破棋子位置的奥妙。是十年如一日的练习，而不是基因使他们成了大师。

你可能觉得费德勒的快速反应能力是可以转移到其他所有运动项目和游戏上的（正如有人会觉得 SF 的超群记忆力也是可转移的），但是你错了。我于 2005 年夏天在位于伦敦西南部的汉普顿宫和费德勒打了一场真正的网球（这是当天他的手表赞助商举办的促销活动的一部分）——采用古代的网球打法，比赛在一间阁楼内进行，地板是倾斜的房顶，网球是硬的，这需要一套完全不同的技术。我发现，为了兼顾动作的漂亮得体，只要球是高速发来的，他几乎都接不到（我也一样接不到）。

有些观众见到这种景象十分吃惊，但有关专业技能的最新研究预测到了这样的结果。体育活动中的敏捷和速度不是天生的,而是靠高强度的集中训练获得的。我会定期和世界著名的足球、网球、高尔夫球、拳击、羽毛球、划船、壁球以及田径运动员打乒乓球,发现他们的接球速度慢得惊人,甚至比一些上了岁数的运动员的反应速度还慢。不过这些高龄的运动员一直定期进行训练,有这样的结果也不奇怪。

最近,我去德斯蒙德·道格拉斯位于伯明翰的家中拜访他。这个被称为"英国乒坛的飞毛腿冈萨雷斯"[①]的人生来的反应速度和常人没什么两样,我想搞清楚,他是如何成为英国乒乓球史上速度最快的人的。(何况乒乓球还是世界上对敏捷反应能力要求最高的运动之一。)道格拉斯欢迎我进门,露齿而笑,十分友好——他现在已经五十多岁了,但还是和过去一样精瘦健康,那时他的速度快到有悖逻辑,令敌人闻风丧胆。

道格拉斯表示自己"有一双能看穿球的眼睛",这也可以用来解释人们从事高等级体育运动时表现出来的快速反应能力是怎么一回事。问题在于,研究员们从未发现顶级运动员拥有的运动才能和特殊"视力"之间的联系。2000年,一流运动员和普通运动员接受了视功能测试,采用的是标准度量,测试项目包括视敏度、立体景深和外围意识。结果,一流运动员和普通运动员不相上下,二者的视觉功能都在平均水平甚至以下。

这种情况一定事出有因。我请道格拉斯给我讲讲他早年学打乒乓球的经历,于是,谜团立即解开了。道格拉斯的经历表明,他也许是过去半个世纪以来世界乒坛功底最扎实的运动员之一。他成长于伯明翰的一个工人阶级家庭,无心学业,功课也不太好。他在偶然间发现学校还有乒乓球俱乐部,虽然球台又破又旧,好在还能用。

问题是,放置球台的是全校最小的教室。"回想起来,简直令人难以置信,"道格拉斯摇了摇头,"沿着教室的长边摆有三张桌子,这样才能容下所有想打球的

[①] 美国同名动画片中跑得飞快的小老鼠主人公。——编者注

人,不过球台后面空间就十分有限了,所以我们必须直挺挺地挨着球台边缘站着打球,我们的背几乎是贴着黑板的。"

我找到了当年和道格拉斯一起打球的几个人。"那真是一段棒极了的时光,"其中一个人说,"那个房间太小了,我们都快得幽闭恐惧症了,所以我们打的是一种'快打乒乓球',每个人反应都超级敏捷,根本顾不上打旋转球或是使用什么技巧,速度是唯一的重点。"

在那间教室里,为了打磨技能,道格拉斯花费的不是短短几周的时间,而是他乒乓球生涯的头五年。"我们都喜欢打乒乓球,但是德斯和我们不一样,"道格拉斯的同班同学告诉我,"我们其他人都有别的爱好和兴趣,他却把所有时间都花在了那间教室里,练习技能,打比赛。我从未见过如此热衷于一件事的人。"

人们有时称道格拉斯为"闪电人",因为他反应太快了,就算是遭到突然袭击也能成功应对。几十年来,对手和队友都对他拥有的闪电般的速度迷惑不解。就连道格拉斯自己也不明白。"可能因为我有第六感吧。"他说。但是现在看来,谜底十分简单。从本质上讲,道格拉斯花费的时间和精力之多,是体育竞技历史上一般的运动员难以比拟的。他形成了一种极其特殊的打法,并对其特征进行编码:以最快速度打球,身体紧贴球台。在挺进国际乒坛前,他已经能在对手击球前就感知到球将朝哪里飞去了。这就是一个反应迟缓的人如何成为世界上速度最快的运动员的故事。

我们的确需要暂停,讨论一下可能会出现的一两个反对的声音。你也许认同我提出的这一观点的核心:想在乒乓球、网球、足球及其他任何领域达到大师级水平,都需要参与者利用以往的经验,建立牢固的知识基础。不过,你可能还是觉得少了些什么。

尤其是,你可能会觉得识破对手动作的玄机,并设计出最佳回击方式(比如打一记正手斜线球)与将其付诸实践完全是两码事。前者是凭经验获得、用头脑实现的技能,而后者则更像是一种运动天赋——需要身体的协调能力、控制能力及感觉的共同作用。但是，大脑和身体真的就像我们所见，是一分为二、井水不犯河水的吗？

人们常说费德勒和其他顶级运动员都有一双"神手"，这说明人们认为他们能够打出制胜一击和漂亮的短吊，都是身体自己的功劳。难道费德勒的手指或是手掌真的有非同一般的魔力，使他与其他运动员不同吗？

更准确地说，他的优势应该在于他对控制运动系统（负责掌管运动的周围神经系统）的方法烂熟于心，因此球拍才能精确地以合适的角度、力度和速度，朝着合适的方向干净漂亮地击出一球。或者用计算机用语来比喻，费德勒快准狠的击球实战水平来源于他精妙的软件而不是硬件。

我并不是说，网球运动员不需要一个健壮的臂膀、一双灵巧的双手（和一副好球拍！）来打个漂亮的回击，我只是在强调，你能否完成一记世界顶级回击，决定因素不是你是否拥有强力或蛮力，而是你能否精准地控制运动系统以创造最佳时机。

从我们的目的出发，重点在于，顶级运动员不是生来就拥有这些高超技能的。如果你能回到费德勒学艺的那个时候，你会发现他并不灵活，甚至反应迟缓。他的所有技能都带着有意控制的痕迹，缺乏流畅性和统一性。只有到后来，经过了无数日日夜夜的练习，他的技能才与复杂精细的动作步骤融为一体，并灵活应用到实战中。

如今，费德勒的运动系统的运行模式早已根深蒂固，要是你问他是如何抓住时机，正手击出完美一球的，他可能也说不出个所以然。他可能会说，赛场上的他想的都是发球的时机和策略，这两点十分重要。但是，关于该如何协调各个动作以成功击球，他却给不出任何深刻的见解。为什么？因为费德勒已经练习了太长时间，这些动作已经被编码进他的内隐记忆而非外显记忆中。心理学家将其称作"熟能生巧失忆症"（expert-induced amnesia）。

值得指出的是，掌握动作技能（专业的动作）和认知技能（以某些特定模式进行组块）的过程是密不可分的。毕竟，击不中球，再完美的技术都没有用——试想一下盲人打网球的情景。要想身球合一（手眼协调），就必须要极其精准、迅速地将感知到的信息存储进短期记忆中进行组块。没有这些信息，想要调动运动系统，无异于在黑暗中摸索前行。

总之，让你击出一记漂亮的球的，不是"肌肉记忆力"，而是编码在大脑和中枢神经系统中的记忆。

相较身体素质和天赋，头脑和后天习得更具优势，这一观点已被一次又一次地证实。在专家表现领域，安德斯·埃里克森现在已成为家喻户晓的世界级领军人物。关于这一观点，他这样表示："顶级运动员与常人的差异并不是后者的细胞和肌群不够发达，而是运动员们的整体控制力更强，能够高效协调身体各部位的动作。后天习得的心理表征能够对专家表现进行调节，这样一来，一位专业人士就能进行有效预测，进而计划并决定备选行动。这些心理表征能让他们更快速、全面地控制相关方面，以发挥最好水平。"

换句话说，成功的关键在于后天的练习，而不是天赋。

知识就是力量

1996年2月10日，下午3点，加里·卡斯帕罗夫（Gary Kasparov）昂首阔步地走进费城会展中心的一个小房间，参加象棋史上最受期盼的一场比赛。他身穿整洁的黑色西装和白色衬衣，面露紧张神色，注意力十分集中。入座后，他扫了一眼棋盘对面的许峰雄博士，这个戴着眼镜的美籍华人戏谑地看着他。

房间里，除了卡斯帕罗夫和许峰雄，还有3名摄影师、1名裁判、卡斯帕罗夫的3名随行人员以及1名技术顾问。赛场上要求绝对肃静，500名观众挤在附近的一个大讲堂里，观看着现场3台摄影机传来的实时报道，聆听着国际象棋大师亚瑟·塞拉万从现场传来的实况解说。大家一致认为现场气氛与以往任何一场象棋比赛都不同。

卡斯帕罗夫是国际象棋史上最伟大的象棋大师，这是人们公认的。他的国际等级分（ELO rating）——评判相关成绩的官方分数——是有记录以来最高的：比俄罗斯象棋大师阿纳托里·卡尔波夫高71分，比美国象棋大师博比·费舍尔高66分。当时赛场上的卡斯帕罗夫已经连续10年蝉联世界第一了；单是卡斯帕罗夫的出现就足以令一些德高望重的国际象棋大师忌惮三分。

不过，卡斯帕罗夫那天的对手可是一点儿都没被吓到，也没被卡斯帕罗夫闻名业内的心理战术影响。卡斯帕罗夫艺高人胆大，但他的对手对此毫不知情。其实，他对手甚至不在现场，而是远在数千米外的纽约州约克敦海茨的一幢大楼灯光昏暗的房间里。他的对手是一台计算机，名叫"深蓝"（Deep Blue）。

媒体大肆宣传，并预言说这是一场人机间的终极大对决。"人类的未来岌岌可危。"一名新闻广播员断言。"这场比赛不仅仅是棋艺的对决，更是在挑战人类至高无上的尊严。"这是《今日美国》（USA Today）的观点。就连卡斯帕罗夫自己似乎都受到了世界末日般的赛前宣传的影响，表示："这是一项捍卫人类尊严的使命……是物种间的对决。"

卡斯帕罗夫开局第一步下在C5，许峰雄将这一步输入棋盘附近的一台计算机（深蓝背后的研发智囊团是电子技术行业的龙头老大——IBM公司），随后，一项当时相对新潮、名叫"互联网"的技术将这一信息传输到纽约的IBM中心。

这时候，深蓝立刻行动起来。它受专门研发的256个象棋处理器驱动，这些处理器同时运行，每32个处理器集中处理8个格，使得它的运算速度达到每秒钟一亿步。片刻后，深蓝快速回应，许峰雄严格按照指令行事：卒到C3。

8天6局比赛的这场人机大战吸引了全世界的目光。卡斯帕罗夫出生于阿塞拜疆，性格古怪，脾气暴躁，他喜欢装腔作势是出了名的，还经常愤怒地低吼和用力地摇头。好多人都指责他举止乖张怪异，说他是在故意扰乱对手。不过，这次他的计算机对手完全不为所动，反倒是他总从椅子上起来，在房间里走来走去。

2月17日，最后一局棋，走第40步前，卡斯帕罗夫拿起桌子上的手表，戴在了手腕上——大家都知道这个动作意味着这位世界冠军觉得比赛已经接近尾声。

大讲堂里的观众都屏息以待。3步过后，许峰雄缓缓站起身来，向卡斯帕罗夫伸出手。观众中爆发出了雷鸣般的掌声。

卡斯帕罗夫胜利了。

问题是：他是如何做到的？一个运算速度每秒不超过3步的人（这是人类目前能达到的极限水平）是如何打败一个运算速度以亿计算的机器的？即将揭晓的答案将帮助我们解开专家表现背后最深的秘密，不仅限于运动领域，在其他更广阔领域里也是如此。

20世纪90年代，在美国军方的资助下，纽约心理学家加里·克莱因（Gary Klein）开始了一项大型研究，对现实生活中的决策情况进行调查。他打算验证以下推测是否正确——专业人士在做决定时运用逻辑思维，在确定最佳选择前，他们会仔细排查所有其他的备选方案。令克莱因感到困惑的是，研究进行的时间越长，该理论与决策者的实际情况就越不相符。

令人费解的不是顶级决策者们——医生、消防员、军事指挥官等——做决定时依据的是某些预料之外的因素，而是他们似乎根本就没有进行选择。在一番审时度势后，决策就完成了。他们压根没考虑其他备选方案，有些人甚至连自己是怎样采取相应行动的都解释不清楚。

克莱因在《洞察力的秘密》（*Sources of Power: How People Make Decisions*）一书中讲述了一名消防队长所做的决策救了人们性命的故事：

> 某住宅小区里的一间平房着火了，火势不猛，容易扑灭。是房子后方着了火，厨房的位置。消防队长带领队员进入房子，走到后方，向大火浇水，但大火却从他们后方蹿起，咆哮着。
>
> "真奇怪。"他想。火应该能被浇灭才对啊。他们又试了一回，结果还是一样。他们后退了几步，重新部署。
>
> 然后，这位队长开始觉得有些不对劲。不过，他也不清楚具体哪里不对，

就是觉得继续待在房子里不太好,于是下令所有人员撤出房间——这幢房子完全符合标准,毫无古怪之处。

所有人员刚踏出房间,他们刚才站着的地板就塌了。如果他们还待在房间里的话,他们早就掉进火海了。

后来,克莱因问队长他是怎么知道情况不对的,队长说,这都归功于"超感官知觉"。这是他能想到的可以用来解释他是如何做出这个决定、救大家一命的唯一理由,而且大家也喜欢这种说法,虽然它似乎是无稽之谈。克莱因是个彻头彻尾的理性主义者,所以他并不会认同特异功能的解释。其他专业级决策者也有类似的能力,令人百思不得其解,克莱因已经注意到了这一点,并给了他们同样的关注。这些决策者似乎知道要做什么,但是通常不知道自己为什么会这样做。

克莱因的一名同事花了好几周时间对一家大医院的新生儿病房展开研究。他发现,经验丰富的护士能在外行还没有察觉任何外显的可见症状时就判断新生儿患了传染病。这不仅仅是了不起,而是救了孩子的命:新生儿年龄尚小,要不是发现得早,他们很快就会死于传染病。

也许整件事情中最奇妙的就是,医院会给孩子做检查,看护士们的诊断是否准确无误,有时结果会呈阴性,但可以十分确定的一点是,如果第二天再查一遍,结果一定是阳性——护士们从来没出过错。在研究人员看来,这近乎神奇,就连护士们自己也困惑不解,说是"直觉"或是"第六感"在起作用。

这究竟是怎么一回事?来自运动领域的经验能否帮助我们揭晓谜底?

回想一下德斯蒙德·道格拉斯——英国乒坛的"飞毛腿冈萨雷斯"。对手的球拍还没碰到球,他就能凭借短期记忆群组里对手的一招一式,预测出球的运动轨迹。再想想看,体育赛事里的顶级运动员是怎么知道如何先发制人、创造所谓时间悖论的?即便时间极其有限,他们也从容不迫。

克莱因开始意识到,经验丰富的消防员的心理过程也是这样的。面对熊熊烈火中的房子,他们泰然处之,能立即根据多年经验找准火源,制订出一个细节丰富、概念精准的灭火计划。他们能将场景的可见特性印入脑海，吃透难解的动态变数，但通常不知道自己是如何做到的。消防队长认为这是"超感官知觉"的功劳，而道格拉斯的说法你肯定还记得——"第六感"。

消防队长在地板坍塌前命令全部人员撤离火场，通过深入探究他的思维方式，我们便会清楚这是怎么一回事。他并未怀疑火源是在地下室，因为他根本不知道这幢房子有地下室。他只是觉得有些奇怪，根据以往丰富的经验，火势应该会被控制住才对。火势并不大，客厅不应该那么热，而且还安静得出奇。实际情况与预期不符，但因为非常不显眼，他也没意识到其中的缘由。

在事后进行分析并和克莱因谈了几个小时的话后，队长才意识到事件的真相。队员们没扑灭大火，是因为火源在他们脚下而不在厨房；客厅比预想中要热，是因为在几米以下的地下室，大火烧得正旺，高温都是从那里传来的；房间里那么安静，是因为地板有隔音作用。所有这些——以及其他环环相扣、错综复杂程度不可名状的可变因素——是队长做出让大家离开火场的决定的原因，消防员们因此躲过一劫。

克莱因解释说："队长以往的经验为他提供了一系列可靠的模型。他习惯将实际情况与脑海里的模型对应起来，以衡量现场情况的严峻程度。他也许无法清晰地描述出模型的样子或特点，但他会凭借这一模型匹配过程让自己安心并掌握现场的大体情况。"

在与新生儿护士进行过一番细致入微的谈话后，研究员们得出了相同的结论。其实，护士们依靠的是她们对知觉线索的深层认识。这些线索中每一个都是不易察觉、十分细微的，但是综合考虑，她们就能看出孩子生病了。无论是飞行员、将军还是侦探，凡是你能想到的职业，他们的心理过程都是这样的。正如我们所看到的，顶级运动员也是如此。他们的共同点就是都拥有长期经验和深层知识。

多年来，人们都认为知识在决策过程中扮演着无足轻重的角色。研究人员会选择在相关领域就是一张白纸的实验对象，以便在最纯粹、原始的状态下研究他们在"认知过程"中表现出的学习、推理和解决问题的能力，这种实验的核心思想就是，优秀决策者靠的是天赋——超凡的综合推理能力和杰出的逻辑思维，而不是先前的知识储备。

杰夫·科尔文在《哪来的天才？》一书中提到，一流商学院和知名企业都认为这一推断是正确的。他们认为自己能够制造出大量杰出管理者，这些管理者几乎可以空降到任何机构，并能凭借自身超凡的推理能力扭转乾坤。人们都说这无关经验，只要你脑子够聪明，懂得运用逻辑思维解决问题就行。杰夫·伊梅尔特（Jeff Immelt）于2001年担任美国通用电气公司的董事长后，委托人对全球业绩最佳的公司进行调查。他们的共同点是什么？科尔文在《哪来的天才？》一书中写道："研究发现，这些公司都十分重视管理者身上的一大重要特质，那就是专业知识——对公司专攻的领域，知识储备要渊博。伊梅尔特现在明确要求，要想担任通用电气的领导，深层专业知识必不可少。"

这些认识不仅是现代重要的经营策略，更是人工智能的基础组成部分。1957年，两名计算机专家编写了一套程序，并将其命名为"通用问题求解程序"（General Problem Solver），还四处宣传说这是个万能问题解决机。它不具备任何专业知识，只有一个"通用求解引擎"（从本质上讲就是一套抽象的推理程序）。据悉，该引擎能解决任何问题。

但是，人们很快就认识到，这台没有任何专业知识储备的计算机虽然复杂先进，其实没有什么实质性的作用。正如人工智能领域的三大领头人布鲁斯·布肯南（Bruce Buchanan）、兰德尔·戴维斯（Randall Davis）和爱德华·费根鲍姆（Edward Feigenbaum）所说的那样："任何专家系统中最重要的组成要素就是知识储备。虽然程序含有大量通用推理法，有些甚至还具有数理逻辑功能，但是没有专业知识储备，便无法专业地完成任何任务。"

回想一下消防员吧。许多年轻人都想从事这一职业，因为他们觉得自己十分擅长在压力下做决策，但他们很快便会发现自己无法胜任这一工作。面对熊熊燃烧的烈火，这些年轻人和我们一样，看到的只有火光冲天的骇人场景。只有经过不下10年的在岗培训，他们才能将眼前的火情放入对火灾类型的复杂认知中分析。

一流水平难以达到，这主要是因为，我们并不能靠某个下雨午后的一堂课就讲清楚专业知识，就算花一千个下雨午后的时间也做不到（克莱因研究中的消防员平均有 23 年的工作经验）。教师确实能提供些建议，告诉学生们大致方向以及有哪些注意事项，这是十分有益的，但他们无法让学生们全盘复制他们的毕生所学，因为无论是在体育运动还是其他领域，专家们对信息的处理加工过程是十分微妙而复杂的，关乎方方面面，信息总量之多令人难以想象。专家们永远也不可能将其编成法则，传授给世人。这就是"组合性爆炸"（combinatorial explosion）现象。有了这一概念，你就能明白本章中的诸多观点了。

许多人都不太了解组合性爆炸的威力有多大，最形象的方式就是将一张纸对折，使其厚度变为原来的两倍。现在重复这一步骤 100 遍，猜一猜纸变成多厚了？大多数人的估测都在十几厘米到几米之间。实际上，这时纸的厚度比地球到太阳距离的 800 兆倍还要多。

现实生活中，发生过很多变量的数量迅速增加的情况——包括体育运动领域，正是因此，我们根本不可能在做决定前排查所有线索证据，需要的时间太多了。只有有效压缩信息量，解码通过经验获得的模式的含义，我们才能做出漂亮的决策。这不是你能在课堂上学到的知识，也不是什么与生俱来的本领，你需要生活在其中，并不断学习。换句话说，实践出真知。

西佛罗里达州大学人类与机器研究所（Institute for Human and Machine Cognition at the University of West Florida）的研究员保罗·费尔托维奇（Paul Feltovich）表示："人们认为，知道专家是怎么做的以后，就可以将这些技能直接传授给外行人，但现实通常没有这么完美。专业知识的习得是一个漫长的发展过程，需要丰富的业内经历和大量练习，不是能够简单传授的。"

卡斯帕罗夫和他的机器对手相比占有的决定性优势就是这个道理的鲜明写照。深蓝拥有所有必备的"天赋"：其运算速度能达到每秒钟上亿步。不过，虽然卡斯帕罗夫的运算速度和机器相比慢得可怜，只达到每秒 3 步，但是他有专业知识储备——一种深奥、精湛、不断完善的棋艺。实战中棋子如何布阵才能制胜，防御和进攻应当如何取舍，国际象棋对决中的全盘布局，他全都了如指掌。卡斯帕罗夫看一眼棋盘，就知道该采取什么行动；同样，经验丰富的消防员也能正视熊熊燃烧的建筑，想出对策。但是，深蓝不行。

还有一点值得关注。还记得 SF 吗？他出色地完成了数字记忆任务；利用赛跑选手的经验，他记住了不下 80 个数字。例如，他将数字 9、4、6、2 解读为 9 分 46.2 秒，跑两英里的话，这是个相当不错的成绩。SF 的这一记忆模式是源于其测试以外的个人生活的特殊技巧。

而卡斯帕罗夫对棋子布阵的记忆则深深根植于实战演练中，完全真实，没掺半点假。他看到棋盘时，并非借助完全不同领域的经验来死记棋子位置，而是直接将其看作"西西里防御"或"拉脱维亚弃兵开局"。他的记忆结构深植于国际象棋体系之中。这种类型的知识最为强大，消防员、一流运动员以及其他专家掌握的也正是这种知识。

现在看来，深蓝在运算速度方面的压倒性优势不足以获胜的原因应该十分明显了——组合性爆炸效用。即便是国际象棋这种复杂程度没那么高的比赛，可变因素的增速之快，也超出了任何机器的运算能力范围。开局之初，就有大约 30 种走法。双方各走两步之后，可能的走法就增加到约 8 万种。几步过后，就该以万亿为单位进行计算了。最后，棋子的布阵走法比世界上已知的原子数量还多。

棋手想要获胜，就必须要削减计算量，忽略无益于取胜的走法，把心思放在能增加获胜筹码的走法上。卡斯帕罗夫理解了比赛的精髓，也就能做到这一点。深蓝就不行。

在赢得 6 局比赛中的 2 局以后，卡斯帕罗夫说："要是和强手比赛的话，能打成平手我就很满足了。但决胜局的本质我懂，深蓝不懂。它强大的计算能力和我丰富的实战经验与排兵布阵的直觉相比，简直是小巫见大巫。"

加里·克莱因，那个研究消防员的心理学家，想再次确认棋手是不是真会根据感知组块模式来快速做出决定（这和计算机采取的暴力算法正好相反。）

他推论说，如果组块理论正确的话，即便可用时间骤减，顶级棋手仍能做出类似的决定。于是他对象棋大师们进行了"闪电战"测试，即每个人总共只有 5 分钟，大约 6 秒就要走出一步棋（标准情况是 90 分钟走 40 步，每步棋约有 2 分 15 秒的思考时间）。

克莱因发现，即使是在"闪电战"模式下，国际象棋大师排兵布阵的质量也几乎不会变差，虽然时间短得可怜，也就刚够拿起棋子，移动棋子，放下棋子，接着按下计时器。

克莱因接着测试了模式识别理论在直接做决策方面的应用。他让国际象棋大师们在下棋时边思考边宣布自己打算怎么下。他让大师们把每一步想法都告诉他，走每一步时是如何考虑的，包括有失水准的选择，尤其是他们最初考虑的走法。他发现第一感觉不但是可行的，而且在大多数情况下都是最优选择。

我们可以将"国际象棋不看运算能力和处理速度"这一假设从脑海里抹去了。和消防员以及网球运动员一样，国际象棋大师是靠直觉做出最优选择的。第一次看到时，你肯定会觉得很神奇（尤其是大师们还同时下着好几盘棋），不过这是因为我们没有看到他们为了达到这一水平，练习了上万个小时。

这和学语言有点像。起初，记住上千个单词，再用抽象的语法规则将其串在一起，似乎是项不可能完成的任务。但是，有了多年积累的经验，看到任意一句话，我们都能迅速理解它的意思。据估计，大多数英语使用者的词汇量可达到 2 万左右。美国心理学家赫伯特·西蒙估计，国际象棋大师掌握的棋子布局模式和模块的数量和这一词汇量不相上下。

现在想想看，在像冰球、美式橄榄球、英式橄榄球、网球、足球等运动中，组合性爆炸的威力有多大。就算科学家们已经发明了这些运动的简化版，复杂程度依旧不减分毫。例如，在机器人足球大赛中，球场上的位置得用 1 680 × 1 088 的像素呈现。想想看，棋盘只有纵横各 8 个小方格，棋子的每一步都是工工整整的，设计"深蓝"还是一件难事，而足球可随时都会到处乱飞。这样一来，便不难明白，要设计一台不会沦为信息负荷牺牲品的机器来和运动员竞争，简直难于上青天。

下面这段文字节选自《纽约时报杂志》1997年的一篇文章，是对冰球史上最伟大的运动员韦恩·格雷茨基（Wayne Gretzky）的一段描写：

> 格雷茨基看起来不像是个冰球运动员……他天赋异禀，总有神来之笔，这都是需要细细揣摩的……
>
> 对大多数球迷，甚至也包括场上的球员而言，冰球场上经常混乱一片：冰球杆挥来打去，球员摔得东倒西歪，冰球四处弹跳，够也够不着。但就是在这一片混乱中，格雷茨基能看出潜在的模式和人流，还能先现场所有人一步预测将会发生什么，精确极了……
>
> 比赛时，你会好几次看到他像是在冰球场的另一侧毫无目的地转着圈，远离人群，然后像是回应信号一样，立即先球一步飞奔到场上的某一点，等着几秒后冰球的出现。

这完美说明了专家在实际中是如何做决策的——预测规律，进而巧妙规避组合性爆炸。卡斯帕罗夫用的正是这一技能，只不过是在棋盘上，而不是在冰球场上。那格雷茨基又是如何做到的呢？我们来听听当事人自己的说法："我在体型和速度方面都不具有先天优势；我的球感都是通过后天努力得来的。"后来，他还说："你们能给我的最高赞誉就是肯定我每天都在非常努力地练习……这样一来，球还没落地，我就知道它要往哪去。"

所有这些都说明了本章先前提出的必备先决条件的重要性。你一定还记得"一万小时定律"吧？据说它适用于任何复杂任务。复杂到什么程度呢？实际上，这里指的复杂任务都具有组合性爆炸这一特点；其成败明显首要取决于"软件"（规律认知体系和高级运动程序）而不是"硬件"（单纯的速度快、力量大）。

大多数运动都具有组合性爆炸的特点：网球、乒乓球、足球、冰球，等等。试想一下，某一天我们设计出了一个能在网球场上击败罗杰·费德勒的机器人，它具有获胜所必需的实时空间感悟力，并且动作迅猛，具有良好球感，能完成挑战。但实际上，这样一个机器人的复杂程度决定它是无法得到完善的，更不用说完成这项挑战了。只有在赛跑和举重这类难度不高、仅考验速度或力量等单一能力的活动中，这种设计理念才有可能实现。

当然了，并非所有专家级别的决策都是凭直觉快速做出的。在某些情况下，国际象棋选手需要深入探寻可能的走法，消防员需要运用逻辑思维能力，理清行动后果。一流运动员和军事指挥官亦是如此。

不过，即使是在做最抽象的决策时，相关经验和知识仍旧发挥核心作用。斯坦福大学心理学家大卫·鲁梅尔哈特（David Rumelhart）曾做过这样一个实验：分别用真实场景表述法（"置办物品超过30美元就必须得到经理批准"）和表意清晰度差一些的方式（"所有正面有个元音的卡片，背面必须有个整数"）对一个逻辑表达式进行表述。通过第一种方式了解其含义的人数是第二种方式的5倍之多。

本章早些时候表示，关于天资的误解导致人们一旦无法迅速取得进步，就会索性放弃。而现在看来，如果某个机构坚持让资历浅薄之人掌权，就算他们拥有很强的逻辑思维能力，也会对机构造成损害。

例如，想想看，英国政府由于部长调任惯例而遭受的损害。部长是英国最有影响力的官员，而他们从一个部门被调到另一个部门，根本没机会充分建立和发展管理任何一个部门所需的知识储备。近年来，英国部长的平均任期已经减少到约1.7年。约翰·里德（John Reid）是托尼·布莱尔政府内阁成员，资历很老，7年间其调任次数不下7次。这就好比让泰格·伍兹从高尔夫球转去打篮球，然后转去踢足球，再去打冰球，在这种情况下还指望他在每个领域都发挥出极高的专业水平，简直荒谬。

当练习、知识与天赋相遇时，我们如何做出抉择，不仅会对我们自身和家庭产生极大影响，还会对企业、体育竞技、政府部门甚至人工智能的未来产生重要影响。[1]

1997年5月3日,卡斯帕罗夫和"深蓝"再次正面交锋。这次的宣传依旧天花乱坠,赌注依旧高得惊人。奖金超过100万,由IBM提供。这次比赛在纽约第七大道安盛公正中心的35层举办,世界媒体蜂拥而至,数量远多于上次比赛(IBM估计自己会因免费宣传获利5亿多美元)。

不过,这次的赢家是"深蓝",它两胜一负,战胜了世界冠军。这对卡斯帕罗夫而言是毁灭性打击,他气急败坏地冲出了比赛场地。之后,他声称IBM在制定规则时偏袒"深蓝";还说他们拒绝提供他需要用来做赛前准备的打印件;他还信口开河说IBM比赛作弊。他输不起。

赛前的15个月发生了什么?"深蓝"是如何做到反败为胜的?首先,该计算机处理器的速度翻了一番(运算速度达到每秒两亿多步)。不过,要是没有另一项关键革新,这次胜利也是痴人说梦。

正如美国物理学会所说:"在IBM公司顾问和国际象棋大师乔尔·本杰明的共同努力下,'深蓝'的国际象棋常识水平得到了显著提升。这样一来,它就能大量利用存储的信息资源,例如过去100年间国际象棋大师们在公开赛中的对决所产生的棋局数据库。"

"深蓝"程序的编写者就像加里·克莱因、吉姆·伊梅尔特和韦恩·格雷茨基一样,已经认识到了知识就是力量这一事实。

---

[1] 在体育经济领域,有个人尽皆知的附加条文能够说明练习的重要性:像篮球和相扑这类运动,身高和基本体型明显是决定成败的关键因素,而且就算加大练习量也不会有什么改变。从很大程度上讲,这是由基因决定的。因此,对这类运动而言,身高(或是基本体型)相当于门槛。身高太矮,你是不会成功的。不过,你要是足够幸运,身高够了,比如说能去NBA打球,成败会再次取决于球感和动作技能——只要练习,这些技能都能得到提高。

第 2 章　神童之谜

神童一说

沃尔夫冈·阿玛多伊斯·莫扎特（Wolfgang Amadeus Mozart）在 18 世纪的欧洲曾引起轰动。年仅 6 岁时，他就弹得一手好琴，让贵族们为之着迷。他常常和姐姐玛利亚·安娜一起演奏。他 5 岁时就开始谱写小提琴曲和钢琴曲，10 岁前已经创作了不少曲目。这对一个孩子而言，着实是了不起的一件事。

该如何解开莫扎特的神童之谜？就连那些赞同一万小时练习让你出类拔萃的观点的人都被难住了，因为这位历史上最伟大的天才作曲家未受时间限制和影响，早早就崭露锋芒，凭借深刻的艺术见解和精妙复杂的创造力改变了人生。

诚然，莫扎特生来就是块璞玉，资质超群，一出生就被贴上了天才的标签。毕竟，在他最初开始弹琴并尝试作曲前，他的人生也不过刚开始一万个小时多一些而已。

但这就是事情的全部吗？以下是莫扎特早期生活的真实情况，由身为记者和作家的杰夫·科尔文详细讲述：

莫扎特的父亲列奥波德·莫扎特本身就是位著名的作曲家和演奏家，他还是位严父，在儿子 3 岁时就开始让其接受高强度的作曲训练课程。列奥波德不仅自身音乐造诣很高，作为小莫扎特的启蒙老师，他也尽职尽责。他对面向儿童的音乐教学法十分感兴趣。

虽然作为一名音乐家，列奥波德并未享有多高的声誉，但他儿童教育家的身份获得了人们的一致认可。沃尔夫冈出生那年，他的小提琴教学权威著作出版了，其影响力几十年来都未曾散去。因此，沃尔夫冈从婴儿时期就开始接受大量指导，传授知识的老师与他朝夕相处，经验丰富……

莫扎特的第一部被视作传世佳作的曲目创作于21岁——《第九钢琴协奏曲》，水平远超其现存所有作品。莫扎特的确年少得志，但是我们必须记得，到那时为止，他已经接受了18年极其艰苦的专业级训练了。

埃克塞特大学（University of Exeter）的心理学家迈克尔·郝尔（Michael Howe）在《天才的解析》（Genius Explained）一书中对此进行了异常清晰的表述——小莫扎特在父亲的指导下付出了超乎常人的时间和精力。他估计，莫扎特还没过6岁生日时，其练习时长就已经达到了3 500个小时，简直是废寝忘食。

这样一看，莫扎特成绩斐然似乎不是那么一回事了。他不再是拥有特殊能力的音乐家，可以不用练习就出类拔萃；相反，现在看来，他更像是艰苦练习的典范。他小小年纪就踏上了卓越之路，现在我们知道这是为什么了。

只有在相当小的年龄就开始全身心地投入到练习中，才有可能在还青春年少时就练够一万小时。莫扎特不仅不是"一万小时定律"的例外情况，而且还是该定律的杰出实证。

我们之所以对神童现象感到吃惊，是因为我们没有把他们和练习时长与之相同的成人做对比，而是把他们和同龄人做对比，而同龄人花费的时间精力远不及他们。我们自欺欺人地认为神童们拥有惊人天赋，因为我们在评判他们的技艺时忽略了重点。我们看到他们小小的身体、可爱的脸蛋，就忘记了藏在他们小脑袋里的大脑已经成形，知识体系也得以深化，这些都是勤学苦练的结果，很少有人能在成年之前就积累够如此之长的练习时间。如果我们把6岁的莫扎特和练习时长已经达到 3 500 小时的音乐家而不是和其他 6 岁儿童相比，他看起来就没有那么拔尖了。

但儿童作曲家莫扎特（不是儿童演奏家莫扎特）又做何解释呢？道理是一样的。他小小年纪就能作曲，这没错，但他幼年创作的曲子和长大后的绝妙创作完全不在一个水平上。他 11 岁首次创作的四支钢琴协奏曲和 16 岁创作的三支钢琴协奏曲都不是原创作品，只是把其他作曲家的作品重新编排了一下。

"这些乐曲里完全没有莫扎特式的独特风格。"一位专门研究创造力和问题解决能力的心理学家罗伯特·韦斯伯格（Robert Weisberg）如是说。从这个角度看，几乎没有业内人士认为莫扎特是神童，也就不足为奇了。评论家哈罗德·勋伯格（Harold Schonberg）甚至认为莫扎特"起步较晚"，因为他谱了两年曲才创作出了传世佳作。

当然，所有这些都不足以解释为什么莫扎特最终能谱出堪称人类历史上最伟大的艺术品的曲子。不过，"神童是从天而降的，是上帝赐予人类的礼物"这一偏见可以被抛诸脑后了。莫扎特是史上最勤奋刻苦的作曲家之一，要是没有不懈的努力，他会一事无成。

这一基本真理在体育竞技领域的神童身上也有所体现。

当泰格·伍兹在 1997 年成为最年轻的美国高尔夫球大师锦标赛冠军时，许多业内人士都向他致敬，称赞他天赋异禀，生来就是打高尔夫球的料。人们看他在神圣的奥古斯塔球场大胆挥杆，就觉得他真的是天资过人。不过，深入了解他的过去后，一种全然不同的解释就会浮出水面。而且这一次，一切又都始于一位积极性很高的父亲。泰格早年的生活剪影如下：

身为前棒球运动员和退役特种兵的厄尔·伍兹始终坚信，练习出大师。他开始训练儿子的时间之早，用他自己的话说就是"到了不可思议的程度"，当时儿子甚至还不会走路和说话。"早期练习很重要，这样一来许多技能才能习惯成自然。"厄尔后来说。

厄尔把小泰格吃饭用的高脚椅放在家中车库里，这样一来，小泰格就能坐在里面观看厄尔击球进洞了。5岁生日的5天前，小泰格收到了圣诞礼物——高尔夫球杆，他在18个月时就参加了人生中的第一场高尔夫球比赛。那时的他还数不到5，却已经能分清标准5杆和标准4杆了。

不到2岁零8个月时，他就已经知道什么是沙坑球了，在打球的第三年就已经养成了自己的预击习惯。不久后，他的练习场地就转到了高尔夫练习场和推杆区，每次他都要花好几个小时磨炼技巧。

泰格2岁时就进入了人生中第一场小型高尔夫锦标赛，该球赛在加州塞普里斯的海军高尔夫球场举行。那时他就已经能用76厘米长的木质球杆在40码远的地方精准地击出8码远的倒旋球。泰格4岁时，厄尔花钱请职业运动员加速培养他。他在13岁时就获得了人生中第一个国家主要赛事的冠军。

练习课程通常以比赛结尾，比如在离洞90厘米的位置放置球，然后看泰格能连续多少次一杆进洞。连续70杆后，厄尔依旧站在那里观看。

还没到15岁，伍兹就已经全身心投入地练习了一万小时，这点和莫扎特一致。威廉姆斯姐妹多次获得网球大满贯，总是被树立为"天资成就卓越"的典例（她们也的确实至名归，披荆斩棘地取得了举世瞩目的成绩）。不过，威廉姆斯姐妹故事中最非同寻常的部分既不是她们天资过人，也不是她们笨鸟先飞，而是她们近乎狂热地献身于网球事业。下面是对她们早期球场生活的描述：

在维纳斯·威廉姆斯（Venus Williams）出生的两年前，她的父亲理查德在换台的时候，看到网球比赛的冠军收到了一张4万美元的支票。一流运动员的可观收入给他和他的新婚妻子奥拉斯恩留下了深刻印象，于是，这对夫妇便决定创造一个网球冠军。维纳斯生于1980年6月17日，塞蕾娜（Serena）则在一年后的1981年9月26日出生。

为了学习如何做一名教练，理查德观看著名网球明星的录像带，去图书馆参阅网球杂志，还与精神病学家和网球教练进行交流。为了和女儿们对打，他还自学网球，并教妻子打网球。

塞蕾娜出生后，威廉姆斯一家人从洛杉矶的瓦茨区搬到了康普顿。该地经济萧条，生活条件艰苦，暴力事件时有发生，偶尔，他们还能目睹枪战。理查德开了一家小公司，给雇主提供保安人员，奥拉斯恩则成了一名护士。

维纳斯"四岁六个月零一天大"的时候，网球训练正式开始，塞蕾娜是三岁开始的。虽然唯一可用的网球场被子弹打得千疮百孔，周围还都是犯罪团伙，理查德还是凭一己之力为女儿们创造出了绝佳的训练机会。

训练时的通常情况是，理查德站在球网的一边，将放在购物手推车里的550个网球一个接一个地扔给姐妹俩。打完一轮后，他捡起球再来一轮。

作为训练的一部分，姐妹俩要用棒球棒发球，父亲还让她们朝交通锥发球，一直练习到胳膊疼。有一次，学校放假，姐妹俩从早上8点一直练到下午3点。正如维纳斯所说："当你是个小朋友的时候，你一遍又一遍地击球就对了。"奥拉斯恩说："姐妹俩总是很早就到网球场，甚至比我和她们爸爸还要早。"塞蕾娜第一次参加比赛时只有四岁半。

"爸爸特别努力，用心地培养我们的球技，"维纳斯说，"他真是一名特别棒的教练。他创新意识很强，总是有新技艺、新想法和新战术，等着让我们付诸实践。我就想不到这些，但是他可以。"

姐妹俩十一二岁的时候，理查德邀请曾指导过玛丽·皮尔斯和詹妮弗·卡普里亚蒂等网球明星的职业网球教练瑞克·马奇来康普顿观看姐妹俩打网球。姐妹俩的娴熟技巧和卓越的运动才能令他印象深刻，马奇遂邀请姐妹俩跟他去佛罗里达网球学院继续学习。不久后，威廉姆斯一家人就搬到了这个"阳光之州"。

那个时候，姐妹俩的练习时长已经达到了一万小时。

仔细研究任何一个少年成名的运动员的生活，你会发现历史一再重演。例如，大卫·贝克汉姆小时候会带着足球到伦敦东区的一个公园，一个小时接着一个小时地从球上的同一个位置踢球，精准无误。"他的热衷程度令人惊叹，"他父亲说，"有时候他就像是住在了足球场上。"

贝克汉姆也这么认为。"我的秘诀就是练习，"他说，"我一直都坚信，想在任何领域有所成就，你都必须努力，努力，再努力。"14岁的时候，一切辛勤付出都有了回报：他被曼联青年队签下，曼联是世界上最有名望的足球俱乐部之一。

英国谢菲尔德大学体育工程研究组组长马特·卡雷（Matt Carre）就贝克汉姆的标志性任意球的运作方式进行了研究。"贝克汉姆的任意球看起来完全是自然而然的，但实际上，是一项十分刻意的球技，"卡雷说，"他从球的一面'入脚'踢出，创造出一个弯角，使脚能有效地包住球，使球上旋，然后落地。他小时候一遍又一遍地这样练习过，泰格·伍兹也是这样练习倒旋球的。"

在体育运动领域，艰苦训练才能收获成功——关于这个道理，安德烈·阿加西（Andre Agassi）给出的表述最明确清晰且有说服力。在《阿加西自传》（*Open*）中回忆自己早年的网球生涯时，他写道："我父亲说，如果我每天打2 500个球，每周我就能打17 500个球，然后每年年底我就打了近100万个球。他相信数学。他说，数字不会说谎。一个每年打出100万个球的孩子将来就会打遍天下无敌手。"

所有这些事例告诉我们什么？它们告诉我们，如果你想像贝克汉姆和泰格那样拥有过人球技，就必须疯狂地练习，不管基因优劣，背景好坏，有无信仰，肤色如何。捷径是不存在的，是神童的存在蛊惑了我们，让我们误认为有捷径可走。

大量研究表明，任何复杂难解领域的精英们为了达到炉火纯青的地步都绕不过10年的艰苦努力，几乎无一例外。不过，这也不完全正确。国际象棋大师鲍比·费舍尔用了9年就成了国际象棋大师冠军，虽然他的一些传记作者对此有争议。

这条通往巅峰的最佳道路还涉及另一方面的问题。考虑到练习时长必须达到上千小时才有机会成就卓越，那么在孩子很小的时候就开发其潜能是否合乎情理？像莫扎特、伍兹和威廉姆斯姐妹一样，有时这些孩子在未满5岁时便开始受训练了。这种做法的好处显而易见：和那些在通常情况下晚几年开始训练的孩子相比，这些孩子从一开始就有极大的领先优势，他们赢在了起跑线上。

然而，这种做法也确实存在危险。只有当个人独立决定要为某个专业领域奉献自己时，练习时长的积累才有意义。他必须从自己的利益出发，真正在意自己在做什么，而不是受父母和老师的意见驱使。这一要素被心理学家称为"内在动机"，而起步较早、被大人逼得太紧的孩子通常缺乏这一动机。因此，他们不是在通往卓越的路上，而是在燃烧殆尽的路上。

"过早对儿童的潜能进行开发存在高风险。"彼得·基恩（Peter Keen）表示。作为英国体育科学界的领军人物，他一手缔造了英国在2008年奥运会上的辉煌战绩。他还说："只有在孩子自己有动力去练习，而不是在父母和教练让他们去练的情况下，过早开发才会发挥积极作用。关键要敏感感知孩子的思维和情感，鼓励他们进行训练，不要过度施加压力。"

而对于那些已经将动力内化的孩子而言，练习不是折磨人的，而是充满乐趣的。网球神童莫妮卡·塞勒斯（Monica Seles）这样说："我就是热爱练习和训练，以及所有相关的东西。"塞蕾娜·威廉姆斯说："练习是件幸福的事，因为我们总能玩得很开心。"泰格·伍兹这么说："我爸爸从没要求过我打高尔夫。我问过他这个问题。重要的是孩子自己想打，而不是父母希望孩子打。"

我们将在第4章更进一步地探讨动机的本质，不过值得注意的是，顶级运动员中，起步于幼儿时期的占少数，而在青春初期就登峰造极的更是少之又少。在广泛观察并注意到个例差别的前提下，这似乎说明过早起步且用力过猛通常弊大于利。能根据不同个体的思维模式调整训练计划，是一名优秀教练需要具备的技能之一。

但是，从更广泛的角度看，神童的存在是否证明了"天才成就卓越"这一观点？事实正好相反。对神童而言，与众不同的不是基因，而是成长环境。他们把上千小时的练习压缩到了从出生到青春期这段很短的时间里，这就是他们在全世界首屈一指的原因。

三姐妹的故事

1967年4月19日，拉斯洛·波尔加（Laszlo Polgar）和女友克拉拉在匈牙利小城——珍珠市的婚姻登记处完婚。这对新人离开登记处，将要开始为期三天的蜜月旅行（因为波尔加正在服兵役，必须返回部队）。宾客们向他们抛撒彩条，赞美着他们的幸福。

宾客们没有意识到的是，他们正在见证近代最大胆的人类实验的发生。

教育心理学家波尔加作为"练习成就卓越"理论最早的拥护者之一，曾发表论文概述自己的观点，还和自己任职数学老师的学校的同事讨论过这些想法；他甚至还游说当地政府官员，宣称只要肯给学生机会，把重点放在努力练习而不是寻找天资上，教育系统会发生翻天覆地的变化。

"孩子们都拥有非凡的潜力，而潜力的发掘就要靠社会了。"当我在他家中采访他和他的妻子时，他这样说。他们居住在布达佩斯一户俯瞰着多瑙河的公寓里。"问题在于，人们出于某种原因不愿意相信这个事实。他们似乎认为，卓越只对别人敞开大门，自己不在其中。"

亲眼见到波尔加本人后，我更觉得他非同一般。他脸上满是热情洋溢的神情，但也有谨慎的成分，因为他一辈子都在试图说服这个充满疑虑的世界相信自己的理论。他双眼炯炯有神，十分专注；阐述自己观点时，还伴有手上动作；当有人点头表示认同他的观点时，他就变得欢欣鼓舞。

但是回到20世纪60年代波尔加计划实验的时候，人们都觉得他的观点荒诞不经，当地政府官员让他去看精神科，找医生治治妄想症。那时的匈牙利正处在冷战的高潮中，任何形式的激进者不仅会被定位成偏执怪人，还会被定义为颠覆分子。

但这些并没有让波尔加打消实验的念头。认识到证明自己理论的唯一方法就是用自己未来的孩子做实验，他便开始和年轻女士们书信往来，开始了寻妻之旅。那时候，交笔友不是件新鲜事，因为当时的年轻男女被政治局势压得喘不过气，都想借此拓宽眼界。

一位名叫克拉拉的乌克兰女孩是她们中的一员。"他心里和文字间都洋溢着兴奋和热情，他满怀激情地讲解着自己的理论——如何创造一个具有世界一流能力的孩子。"她说。克拉拉温婉可人，和丈夫性格互补。她告诉我："我的反应和当时的人们一样，觉得他疯了。但我们还是决定见面。"

面对面时，克拉拉发现波尔加的观点令人无法抗拒（更不用说他还风度翩翩），于是同意加入这个大胆的实验。1969年4月19日，他们的第一个女儿苏珊（Susan）出生了。

波尔加花了很长时间决定要在哪个专业领域把苏珊培养成卓越人才。"我要让苏珊的成就充满戏剧性，这样就没人能质疑其真实性了，"他说，"要让人们相信他们对卓越的认知都是错误的，这是唯一的方法。然后我突然想到了国际象棋。"

为什么偏偏选国际象棋呢？"因为它是客观的，"波尔加说，"如果我把孩子培养成了一个艺术家或是小说家，人们会就她的水平是否真有世界一流而争论不休。但国际象棋是根据胜负进行评分，客观公正，人们也不可能说三道四。"

虽然波尔加只是爱好下棋（而克拉拉连业余爱好者都算不上），但他读了大量有关国际象棋教学的书。他在家里教苏珊下棋，当时苏珊还没到4岁，每天就把大量时间投入在了国际象棋上。他寓教于乐，让国际象棋充满了戏剧一样的吸引力，于是在一天天的教学中，苏珊迷上了下棋。不到5岁，她投入练习的时间已经达到了上百个小时。

几个月后，波尔加替苏珊报名参加了当地的比赛，当时的苏珊几乎看不到放棋盘的桌子那头是什么。她入席开始比赛，双眼仔细观察棋盘，小手移动棋子，她的对手和父母都饶有兴致地看着这一幕。

"几乎所有和我同组比赛的姑娘的年龄都是我的两倍。"苏珊告诉我们。她现在已经人到中年，自信而有魅力，住在纽约。她说："当时的我并没有意识到那场比赛在我人生中的重要性。我只是把它看作一场国际象棋游戏，乐在其中。我赢了一局又一局，最后得分是10比0。一个年龄这么小的女孩能赢得冠军，这件事本身就够轰动了，而十局全胜就更令人们瞠目结舌了。"

1974年11月2日，克拉拉产下了第二个女儿索菲亚（Sofia），在1976年7月23日产下了第三个女儿朱迪特（Judit）。刚刚学会爬，小朱迪特和小索菲亚就穿过房间，爬到家里棋室的门边，透过小窗费劲地看苏珊和父亲下棋。

她们也渴望参与其中，但波尔加不想让她们起步过早，而是把棋子放在她们的小手中，鼓励她们体会它的手感和形状，享受乐趣。姐妹俩到5岁时，波尔加才开始训练她们。

波尔加的三个女儿在整个童年全身心地投入了训练，不过她们很享受训练的过程。这是为什么？因为她们已经完成了动机的内化。"我们在国际象棋上花了大工夫，但我们并不觉得这是一项令人厌烦的工作，因为我们热爱国际象棋。"朱迪特说。"我们不是被迫的，国际象棋把我们迷得神魂颠倒。"索菲亚说道。

苏珊也同意这一说法："我爱下棋。国际象棋开拓了我的视野，给了我非凡的体验。"

进入青春期前，三姐妹在国际象棋领域的累计练习时长已经超过了一万小时，可以说比国际象棋史上任何女性的练习时长都要多。

她们的战绩如下：

苏珊

1981年8月，12岁的苏珊赢得了女子16岁组世界冠军。没过几年，1987年7月，她成为世界女子冠军。

1991年1月，她成为历史上第一位女性国际象棋大师。退役前，她4次赢得世界重大女子赛事冠军，5次赢得奥运会冠军。截至本书出版，她保持着获得国际象棋三重冠的唯一纪录（不分性别）[1]。三重冠指包揽世界国际象棋快棋锦标赛、世界国际象棋超快棋锦标赛和世界国际象棋锦标赛冠军。

---

[1] 2014年，挪威选手芒努斯·卡尔森（Magnus Carlsen）成为第二位三重冠获得者。——编者注

苏珊还是一位开路先锋。尽管国际象棋界的当权者在她的前进道路上设下重重障碍——她被禁止参加1986年世界锦标赛（男子），即使从分数排名来看她完全有资格参赛。最终，她为女性能够参加国际顶级赛事铺平了道路。

现在，她在纽约经营一家象棋中心。

索菲亚

1980年，索菲亚赢得了匈牙利象棋锦标赛女子11岁组冠军。1986年，她继续卫冕世界锦标赛女子14岁组冠军，接着多次获得奥运会冠军和其他顶级锦标赛冠军。

不过，她最出色的成绩当属"罗马奇迹"。在罗马大师赛中，她与包括亚历山大·切尔宁、西蒙·帕拉特尼克和尤里·拉祖瓦耶夫在内的最杰出的男性棋手对决时连胜8局。一位象棋专家写道："这种情况出现的概率是十亿分之一。"爱尔兰棋手凯文·欧康内尔将这次表现列为人类国际象棋史上的第五名：

选手	赛事	等级分数
博比·费舍尔	美国世界锦标赛，1963	3 000
阿纳托里·卡尔波夫	利纳雷斯，1984	2 977
加里·卡斯帕罗夫	蒂尔堡，1989	2 913
亚历山大·阿廖欣	圣雷莫，1930	2 906
索菲亚·波尔加	罗马，1989	2 879

1999年索菲亚嫁给了另一位棋手约纳·科萨什维利，搬到了以色列，生育了两个孩子。现在，她在经营一家国际象棋网站，画家也做得有模有样。

朱迪特

她在十几岁时就接连多次打破纪录夺得冠军，此后于1988年赢得罗马尼亚锦标赛12岁组冠军。这是历史上第一次由女性赢得统一标准（男女均可参赛）的世界锦标赛冠军。

三年后，即1991年，15岁4个月大的她成了有史以来最年轻的国际象棋大师（不分性别）。同年，她在决赛中击败国际象棋大师蒂博尔·托尔奈，赢得了匈牙利锦标赛的冠军。

到目前为止，她已经占据国际象棋世界第一女棋手的宝座十多年，除了2004年因生产未参赛而短暂离开排行榜以外（当时取代她的是她的大姐苏珊）。纵观其职业生涯，朱迪特几乎战胜过所有世界顶级棋手，包括加里·卡斯帕罗夫、阿纳托里·卡尔波夫以及维斯瓦纳坦·阿南德。

她是世界公认的有史以来最伟大的女性国际象棋大师。

波尔加三姐妹的故事生动有力地证明了"练习成就卓越"这一观点的正确性。波尔加公开宣布，他即将出世的孩子们日后将有顶尖的表现向历史悠久的科学传统提出了挑战，事实证明了他的正确性。他的女儿们不但达到了出生前他大肆宣传的预期水平，而且远不止于此，她们在象棋领域大放异彩，成了最优秀的选手。

请注意公众对三姐妹成就的反应。苏珊5岁时一举拿下当地比赛的冠军之时，在场所有人都坚信这都是拜她举世无双的过人天资所赐。当地报纸称她为神童。波尔加记得有位家长恭喜他培养出了这样一个天赋异禀的女儿，那位家长说："我的小奥尔加就做不到。"

其实这是"冰山错觉"（iceberg illusion）效应导致的：观众认为卓尔不群的表现源于非同寻常的能力，因为他们见证的只是极小的一部分，是台上光鲜亮丽的那一刻。正如波尔加所说的那样："如果他们看到我们极其缓慢的进步过程，一点一点提升的进程，他们便不会不假思索地称苏珊为神童了。"

人脑计算器

你的心算能力如何？我想你对此一定心知肚明。你能不能学好数学是一件非常清楚的事。你要么天生就是这块料，要么天生就不适合和数字打交道。如果你属于后者，最好还是放弃。

"计算能力天注定"的观点在人们脑海里比"体育能力天注定"更根深蒂固，它是对"天资成就卓越"这一逻辑最具代表性的表现。鉴于此，我们很有必要近距离观察一下事实是否如此。

通常来讲，"运算能力天注定"一说最雄辩有力的证据就是，运算能力过人的神童们的心算速度接近计算机。和6岁神童莫扎特一样，他们精彩绝伦的表演让观众啧啧称奇。

比如夏琨塔拉·戴维（Shakuntala Devi），她1939年生于班加罗尔，8岁时表演心算三位数乘法，令印度的大学教授们赞叹不已。她是吉尼斯世界纪录的保持者，因为她能在28秒内计算出任意两个13位数的乘积（例如，8 574 930 485 948乘以9 394 506 947 284）。

另一位闻名世界的"人脑计算器"——来自德国的鲁迪格·加姆（Rüdiger Gamm）能极其精准地计算出9次幂，开5次方运算的准确度也令人难以置信，他还能计算两数之商，到小数点后60位。心算中的加姆的样子很有趣——问题一出，他便闭上双眼，眉毛皱在一起，计算时眼皮剧烈地颤动。用不了多久，他睁开眼睛，答案脱口而出，速度惊人。

诚然，这些壮举证明了他们的过人天资。但他们真的天赋异禀吗？

1896年，一位法国心理学家阿尔弗雷德·比奈（Alfred Binet）做了一个简单的实验来一探究竟。他比较了两位神童和巴黎乐蓬马歇百货公司收银员的运算能力。收银员已经和数字打了近14年的交道，不过小时候没表现出算术天赋。比奈让他们3人计算三位数乘以三位数，四位数乘以四位数，题目相同，然后比较他们解题时间的长短。

结果如何呢？你猜对了：两道题都是最优秀的收银员算得更快。换句话说，单是14年的运算经历，就足以让一个普通得不能再普通的正常人算得比神童还快。比奈得出结论——运算能力更多靠的是后天练习而不是天赋，这也就是说，只要训练得当，你我都能以风驰电掣般的速度进行多位数的加减乘除运算。

那么，他们是怎么算出来的呢？这一"奇技"是有技巧可循的。例如，假设你要算358乘以464。我们都算得出300乘以400等于120 000。技巧就是算这道题剩下部分的时候——比如说，400乘以50——要把120 000记在脑中。400乘以50等于20 000，你得把它与120 000相加，就得到了140 000。然后，再用400乘以8得到3 200，再加上140 000，得到143 200。

这样进行下去，最终将全部运算结果加在一起（总共分8步），就能得到最终结果——166 112。当然了，这仍旧是项艰巨的任务，不过可怕的不再是计算本身，而是在进行分步计算时，还要记着一直在增加的和。

但现在想想，你在读书时紧跟着作者的叙述，是不是比这个运算过程难很多？英语单词成千上万，在每一页的每一句话里，它们都会进行新的排列组合，无法预料。要理解一个新句子的意思，读者不仅要理解这句话具体在说些什么，还要把它放在之前读过的所有句子构成的语境里去理解，使意思连贯起来。例如，读者必须记住上文提到的人和物，以便清楚代词所指。

这项记忆任务的规模之大难以想象，但我们中的大多数人都能读到这本书的最后一个字。虽然这本书有上百页，单词数以万计，但我们从来没遇到过在阅读中乱了头绪的情况。我们作为语言使用者所积累的经验，使得我们能完成这项任务；同样，运算能手作为数字使用者所积累的练习时长，使得他们能够记住运算的"情节"，进而完成多位数相乘的整个运算。

而"人脑计算器"和我们的不同之处在于，他们终日埋头于数字"词汇"中，而我们却因为有了电子计算器而抛弃了心算。

例如，数学天才斯里尼瓦瑟·拉马努金（Srinivasa Ramanujan）就经常挑灯夜战，解决数学问题；鲁迪格·加姆每天都训练4个小时，潜心钻研数字规律和运算过程。莎拉·弗兰纳里（Sarah Flannery）16 岁时成为破解计算机加密难题的第一人，从而受到 1999 年爱尔兰青年科学家展览会（Esat Young Scientist Exhibition）的表彰。她整个童年都献给了数字。其著作《在密码中》(*In Code*) 一书开篇的第一句话就是："我家厨房里有一块黑板，也许，我的数学之旅就从此起航。"

她的父亲——一名数学讲师，就是在那块黑板上写下问题，让女儿全神贯注地凝视着冥思苦想，最终找到答案的。那时的莎拉只有 5 岁。数学谜题是晚餐时段对话的主要内容，也是无数讨论与争辩的基础。

词语对我们而言是有意义的；同样，对这些小数学家而言，数字从某个时刻开始变得有意义起来，这不是很自然的吗？英国伦敦大学学院（University College London）的认知神经心理学教授布赖恩·巴特沃思（Brian Butterworth）是世界范围内数学能力研究领域的翘楚，他这样评论：

> 计算者从幼年起就和数字建立起了一种亲密关系。数学神童比德学习从 1 数到 100 时，觉得数字"就好像变成了我的朋友，我认识他们的朋友和熟人"。另一个神童克莱因曾说："数字对我而言就像是朋友，你们没有这种感觉吧？比如说，3844 对你们而言就是数字 3、数字 8、数字 4 和数字 4，但我会说：'嗨，62 的平方。'"还有个著名的故事是这样的——哈迪（研究员）去医院探望拉马努金，说起自己来医院坐的出租车的车牌号是 1729，"真是个无聊的数字"。"不是的，哈迪！这是个十分有趣的数字，它可以用两种不同的方式写成两个数字的立方和，而且它是这类数字中最小的一个。"

简言之，计算神童是后天打造的，而不是天生的。正如巴特沃思所说，"目前没有证据表明，数学家生来就有不同于常人的特殊能力"。弗兰纳里也认同这一说法。"我不是天才，"她写道，"我只是有幸拥有一个泡在数字里的童年。"

苏珊·波尔加成为首位女性国际象棋大师后，过了两年，有人向她父亲拉斯洛发起了一个新挑战——荷兰亿万富翁、国际象棋赞助人乔普·范·奥斯特罗姆（Joop van Oosterom）试图说服拉斯洛收养三个来自发展中国家的男孩，看看他能否成功复制培养三个女儿的辉煌。

波尔加迫不及待地欣然接受了这一挑战，不料一向遇事泰然的妻子克拉拉出面否决了这一提议。不是因为她对结果没信心，而是她真的没那个精力再做一次实验了。"我认为第一次实验的成功就足以证明'练习成就卓越'这一观点是正确的。"她说这话时脸上挂着温暖的微笑，我们正在他们俯瞰着多瑙河的公寓里享用午餐，吃着美味的鱼肉和蔬菜。

坐在妻子身边，波尔加安静得异乎寻常。他依旧目光如炬，陷入了沉思。"人们告诉我说，我女儿们的成功只是因为运气好。"他最后说，"人们说一切都是巧合，想用国际象棋证明'练习成就卓越'的我，刚好做了历史上三个最天赋异禀的国际象棋女棋手的父亲。"

他表示："可能有些人就是不愿相信练习具有巨大的力量。"

第 3 章　非凡之路

未必有用的练习

你开车多长时间了？最近，我大致计算了一下，发现自 22 年前拿到驾照以来，我平均每年行驶近 2 万千米，总共行驶了约 42 万千米，如果平均时速为 40 千米左右，那么我在驾驶上花的时间几乎正好有 1 万小时。

但我并不是世界一流的驾驶员。实际上，和刚拿驾照那时比，现在的我毛病更多，也不熟悉交通法规。我知道你在想什么：你打算跟本书目前为止的核心观点唱反调吗？我不是应该从练习时间角度解释怎样才能达到专家级水平吗？其实，也不尽然。

我开车的情况如何呢？当然，我的累计驾驶时间足够长，但我因此收获知识与技能了吗？我好像并没有尽力提升自己的水平。更确切地说，我的心思根本就不在这里：开车时，我在想晚饭做什么，在和车上的人说话，也可能一边听着广播，一边用手指在方向盘上漫不经心地打着节奏。实际上，我是像自动驾驶仪一样机械地开着车，根本没动脑子。

这个例子听起来也许有些极端，但是（从不那么极端的角度来讲）出人意料的是，这和我们大多数人的情况相符。我们干活时总是心不在焉——漫不经心或是全然游离在外，心思根本不在工作上。我们只是例行公事。这就是为什么（大量研究表明）许多职业的工作时长和绩效之间并不存在牢固的因果关系。只是耗时间，却缺少全身心的投入，是不会成就卓越的。

当然，有些工作需要你全心全意地投入其中。正如第 1 章所说，消防员和护士一直都在挑战自己能力的上限——因为如果不这样做，人们就会失去生命。漫不经心走过场可不是明智之举。因此，该职业工作时间的长短和专业技能的高低紧密相关。那些十年如一日奋战在第一线的人向来都是该领域的一把手。

上一章中提到的收银员也是如此。计算务必准确无误是该职业不变的准则，加上一旦出错，公司账目立即就会有所显示，因此，收银员需要不断接受挑战，提高运算速度和准确度。

不过，在许多工作和运动项目中可能发生的情况是，无止境的时间累积都成了无用功，你的水平没有丝毫起色。每周日，我都会去打网球——和朋友一起放松身心，然后再去俱乐部的茶点室吃个热腾腾的三明治，轻松愉快且能增进友谊。不过，这和大满贯冠军进行的练习没有半点相似之处。5 年过去，我一点进步都没有。为什么？因为我一直在使用自动驾驶模式，机械地走着过场。

看看 A 行中打乱字母顺序的单词，试着重新排列字母，还原它们。然后再重新排列 B 行中单词的字母顺序。

A	B
FAHTER	HERFAT
FOOTBLAL	LBOFTOAL
DCOTOR	RTOCOD
OUTCOEM	ECMUTOO
TEACHRE	EERTACH

如果两个表中的单词你都重新排列好了，你会注意到其实每一行的词都是同一个：FATHER, FOOTBALL, DOCTOR, OUTCOME, TEACHER。唯一的不同就是 A 行比较简单，只需要调整一次字母顺序，而 B 行中的字母排列得乱七八糟，

重新排列也就难了很多。

有意思的是，研究人员发现，重新排列过 A 行的人们后来被问起 A 行有哪些单词时表现欠佳，即使已经成功破解了这些单词，他们也回忆不起来。而破解较难 B 行的人们则表现了出色的记忆力。

为什么差别如此之大呢？因为字母排列得杂乱无章，重新排列便有了难度，这就迫使你无法轻轻松松地完成任务，必须有所行动——你得停下来思考一下，得全神贯注地研究这些词，搞清楚它们究竟是什么意思。简而言之，你被迫关掉了"自动驾驶模式"。在你努力思考的短短几秒中，这个单词早已刻在了你的记忆中。

以上这个例子取自心理学家 S.W. 泰勒（S. W. Tyler）的研究成果，着重强调了当练习充满挑战而不是简单易行时，其影响力的巨大。"大多数人在练习时的关注点都放在了毫不费力就能完成的事情上，"埃里克森说，"专业练习就不同了。你必须付出巨大的努力，目标明确、持之以恒地去做那些你不怎么擅长的事情，你甚至可能对此一窍不通。各领域研究表明，只有努力攻破短板，你才能在自己心仪的领域拔得头筹。"

到目前为止，本书的重点一直放在成为业内顶尖所需要的练习量上，我们已经知道，答案的长度令人惊愕不已——至少需要 10 年这样的时间跨度。但是，现在我们要深挖专家级水平的另一方面，相比之下，这一面更重要——练习的质量：水平一流的专家为了达到大师级别会进行专业化的学习；在一万个小时的每一个小时里，他们都全神贯注，每个小时的付出都学有所得。

埃里克森称之为"刻意练习"（deliberate practice），以便和我们大多数人进行的练习区分开来。我将其称为"目的性练习"。为什么这样叫它呢？因为志存高远的冠军们在练习时向来有一个明确、坚定的目标：取得进步。练习中的每一个小时、每一分钟和每一秒，这个目标都指引着他们活跃思维、伸展身体，推动他们打破自身能力的上限，使他们全身心地投入到练习任务中，训练课程结束后，毫不夸张地讲，他们简直变了一个人。

回头想想柏林音乐学院的小提琴家们。顶级演奏家的练习时间本身并不多于水平欠佳的小提琴手。确切地说，二者的差异在于投入目的性练习的时间的长短——小提琴手们自己都说，这种练习最有助于提高水平。顶级演奏家能维持高效率的练习更长时间，而其他人没能做到。这是关键区别。

在接下来的几节中，我将以体育界及其他行业最杰出的人物为例，探讨目的性练习的核心内容——它的含义、优点以及应该如何对其进行设计和归化。而现在，以我个人在乒乓球领域的经历为例，我们将会对接下来的论述方向有个清楚的认识。

15至19岁期间，我一直在用英国当时的传统方法进行练习：常规动作模式，即对手发球，我先正手击球，然后反手击球，然后循环往复，一遍又一遍。这种练习方式会对身体造成很大压力，但只是因为如此循环往复十分消耗体力，并不是因为它对身心有什么特殊要求。

但在我刚满19岁时，我的命运发生了巨大的变化。来自中国的陈新华是体育史上最伟大的乒乓球运动员之一，他在和一位可人的约克郡姑娘结婚后搬到了英格兰。当时有传闻表示他打算退出乒乓球坛，但在一番长谈后，他同意收我为徒。虽然我们只在雷丁市郊的一个小训练厅里相处了几分钟，但是，显而易见的是，他的训练理念和我所见过的或是设想中的完全不同。

对打时，他不是用一个球，而是在球台旁放一桶球（这点和网球冠军威廉姆斯姐妹的父亲理查德·威廉姆斯的风格非常像）——约有一百个，然后向我"开火"，从不同角度，以不同速度，打各种旋球给我，但是永远都不犯规（这最能说明他在做教练方面的天赋）。这样一来，我自身的能力上限在不断升高——速度更快，动作更灵活，技术更娴熟，预判更准确，时机把握得更合适，反应也更快。

为了跟上"多球"训练，我的身体和思维被迫"升级换代"，而作为回应，陈教练一次又一次地提高要求，最后加宽了我那一端的球台（加了半个球台那么宽），这样一来，我得加强脚上功夫，才能满足这一超高要求。5年下来，我的动作、速度和球感都得到了巨大的提高，我的世界排名也不断上升。

仿佛在一瞬间，中国乒乓球事业的成功之谜解开了。多年来，人们一直把中国球员的成功归因于反应速度快、有秘密食谱以及其他神秘因素。还有人说，是因为他们的训练时间比别国运动员长。但他们不是训练时间长，而是训练方法巧妙。他们训练的目的性更强。实际上，这种训练让他们的效率仿佛坐上了火箭。

随后，我也用同样的方式进行训练。我真的变了一个人，这不是心理作用。长久以来，我被迫突破自我极限，用埃里克森的话说，我处理的任务"是超出现有可靠水平的，但是通过重复训练逐渐提高技能，在长期训练后，人们便能完成这项任务"，我身体的灵活度和思维的敏捷度都突飞猛进。

值得再次说明的是，想达到世界一流水平，就要朝着自己目前力不能及的目标奋进，而且要十分明确如何弥补这一差距。在持续不断的重复训练作用下，加上精神高度集中的影响，差距终会消失不见，然后，你又会发现超越你现有水平的新目标。

事半功倍

摔倒的意义

我正站在吉尔福德冰场边上，这是英国最大、最著名的冰场之一。二十来个少年在冰上绕着圈，做着热身训练，不时突然飞速旋转，令人眼花缭乱。现在是早上 7 点。

今天，冰场上一枝独秀的选手是一个体态轻盈纤细、扎着长长棕色马尾的 16 岁姑娘柯尔斯蒂。她刚参加过在意大利举办的一场滑冰比赛，这是她第一次参加国际赛事，但她不会安于现状，她打算登上 2014 年冬奥会的冠军奖台。

过去的几个月，柯尔斯蒂一直在练习后内结环三周单跳，这一跳跃动作难度极高，要求运动员单脚起跳，在空中转体三次，然后用另一只脚落地。顶级运动员会要求自己在落地时优雅、平稳。柯尔斯蒂已经花了好几个小时在家里的地毯上练习这个动作，她在竭尽全力地内化、理解和吸收这一技能。

今天，她希望能第一次在冰上完成这个动作。她绕着冰场滑，时不时地跃起做一个后内结环两周单跳。她能轻松地完成这个动作，气定神闲，落地动作优美自然。不过这只是个热身动作。几分钟后，她的教练斯图尔特给她穿上安全背带，系住背带的绳索连在一个类似钓鱼竿的物体上。然后，教练在她身后，手里拿着杆，离她只有几米远。

过了一会儿，柯尔斯蒂做好准备，开始今天早上第一次后内结环三周单跳的试跳。她全神贯注，找到起跳点后一跃离地；这时，斯图尔特总是轻轻拽杆，以缓和重力作用，多给空中的柯尔斯蒂几毫秒，这几毫秒十分珍贵。她顺利完成三次旋转，右脚落地，神气十足。她一次又一次地以完美的姿态完成动作后，斯图尔特拽杆的力度逐渐减弱。

然后，柯尔斯蒂脱掉安全背带，打算不靠外力，独自完成这个动作。

在斯图尔特的注视下，她小心翼翼地绕圈滑着。片刻后，她决心冒险试一把，从起跳点发力，一触即发，一越飞入空中。但是，她空中转体差了一点，落地前只转了两圈半，然后失去平衡——砰的一声，她后背着地，重重摔在地上。

这一摔让身为旁观者的我看着都疼，但是，柯尔斯蒂又起跳了。她跳了一次又一次，每次都摔到冷硬的冰面上。直到第七次起跳，她才在空中旋转了990度，落地动作也完美无缺。她给了自己一个严厉的微笑，表示满意。斯图尔特连连称赞。虽然她还没完全掌握后内结环三周单跳，但这只是时间早晚的问题。

"值得注意的是，如果孩子们愿意不断鞭策自己，超越自身极限，用不了多久，他们就能掌握这些看似不可能完成的跳跃动作，"训练结束后，我们坐在一起交谈，斯图尔特是这样告诉我的。我问柯尔斯蒂一次又一次摔倒疼不疼。"老实说，很疼，"她说，"但是我已经习惯了。只要最后能掌握这个跳跃动作，再疼都值得。"

花样滑冰训练生动形象地说明，目的性练习具有事半功倍的效果，但它告诉我们的远不止这些。回想一下冬奥会花样滑冰比赛运动员们高超的技能，他们动作敏捷优雅，技巧娴熟自然，令人鼓掌叫好；他们飞速旋转，大胆跳跃，却依旧能保持平衡，令人拍案叫绝。想想看，一路走来，他们多次经历青肿瘀伤，无数次重重地摔倒在地。

20世纪90年代，研究人员进行了一项关于花样滑冰的调查，结果发人深省。他们发现，一流运动员和二流运动员之间最主要的差异，不在于基因、品性或是家庭背景，而在于训练类型。一流运动员通常会尝试超越现有能力的跳跃动作，二流运动员则不会做这样的尝试。

请注意，一流运动员不仅仅是挑战难度更高的动作——毕竟，人们对水平更高的专业人士的期待值也更高。重点不在这里！重点是，一流运动员尝试的跳跃动作，即使发挥自己的最佳水平也难以完成。因此，所得结论既违反常理，又发人深省——顶级运动员在训练过程中跌倒的次数更多。

目的性练习是让人们努力做到凭借现有能力无法完成的事情，即现有水平离处理问题所需的能力还有差距，一旦达到了就立即转入下一难度，如此循环往复。想达到卓越，我们需要走出"舒适区"，竭尽全力地投入训练，接受"磨炼与艰苦不可避免"这一事实。实际上，取得进步必然要经历失败。这是练就专家级水平的最本质的悖论。

《哪来的天才？》一书的作者杰夫·科尔文描述道，日本花样滑冰运动员荒川静香——最伟大的花样滑冰运动员之一，从5岁那年立志滑冰到问鼎2006年冬奥会，一路走来，跌倒的次数不少于两万。"荒川的故事有十分宝贵的借鉴意义，"科尔文写道，"她的水平来自屁股着地的两万次摔倒。"

以"小"建"大"

我站在英格兰北部利兹市的一家体育馆内。10个少年在馆中央打着比赛，这种比赛和我以前见过的都不太一样，有点像足球，只不过是浓缩版的。比赛用球更小、更重，和传统球场的广阔场地相比，该比赛场地规模也缩小了。这个游戏综合了有关足球的一切复杂动力学、激烈竞争与互动，只不过是个微缩版。这个体育项目叫室内五人制足球（futebol de salão，简称 futsal）。

第3章 非凡之路 | 61

足球是世界上最受欢迎的运动，多年以来，巴西足球的灿烂辉煌一直是个谜。巴西国家足球队脚法细腻，大胆创新，球技绝妙。他们还拥有许多传奇的足球偶像，如贝利、罗伯托·里维利诺、济科、儒尼尼奥、罗纳尔多和里瓦尔多，令全世界惊叹不已。他们是如何做到的？他们是从哪里找到如此流畅的节奏的？他们又是如何不费吹灰之力地设计出复杂精细的传球和运球路线的？

有人推断，巴西球员骨子里就流淌着善于创新的血液，他们的灵魂是有魔力的；其他人的解释就没这么神秘了，他们着眼于巴西贫民区，说是经济的落后迫使他们不得不走上巅峰。不过，还有不少相对贫困的国家在足球方面也不出彩，对此，持第二种观点的人自己也困惑不解，解释不清。

西蒙·克利福德（Simon Clifford）是一名小学英语老师，兼任足球教练，他的结论则截然不同。1997年的夏天，他拿着5 000英镑贷款，利用暑假到巴西旅行。这次旅行改变了他的人生。他的全部家当只有一个背包、一台相机和一个笔记本电脑，住宿环境脏乱差，但是他用相机记录下了贫民区孩子踢球的场景，还和不少顶级球员踢过球。无论走到哪里，克利福德总能看到五人制足球。

"所有巴西人都在踢五人制足球，"克利福德说，"他们就是用这种方法磨炼球技和提高速度的。人们认为巴西人都是在沙滩上踢足球的，球员们整日轻松自在，生来就踢得一脚好球。而我看到的是，他们极其努力，非常刻苦。人们之所以会认为巴西人终日都在沙滩上追来逐去，随便踢两脚球，是因为初到巴西时，满眼望去都是踢沙滩足球的人。但如果你真到培养伟大巴西球员的地方去，根本看不见沙滩的踪影。"

丹尼尔·科伊尔（Daniel Coyle）在《一万小时天才理论》（The Talent Code）一书中对五人制足球进行了分析，使人们充分认识到其具有的非凡效力：

> 五人制足球帮助巴西足球走向成功的原因之一和数学有关。利物浦大学的一项研究表明，与普通足球运动员相比，五人制足球运动员碰球的频率更高——是普通球员的6倍还多。足球更小、更重，就需要更精准地控球，作

为回报，球技也会有所提高——正如教练所说，为了摆脱盯防，不能简单地把球朝前场踢。

快速传球是关键：足球需要的就是找准角度和距离，和队友协作时速度要快。控球和眼力很重要，因此玩惯五人制足球的运动员一旦踢回"正常尺寸"的足球，就会觉得有广阔的场地任他们施展拳脚……正如巴西圣保罗大学研究足球运动的教授米兰达博士总结的那样："短时间+小空间=高球技。五人制足球是我国的即兴创作实验室。"

几乎所有举世景仰的巴西球员都是在五人制足球的训练中成长的。贝利是公认最伟大的球员之一，他曾这样说："我的控球力、快速思考和传球能力能够提升，五人制足球功不可没。"杰出前锋济科在72场国际赛事中为巴西队踢进52个球，他说："年少时，五人制足球是我唯一的游戏，它是给孩子最好的足球启蒙教育。"

罗纳尔多是世界杯历史上射门得分最高的球员，曾三次获得"世界足球先生"荣誉的球员只有两人，他是其中之一。他说："我就是从五人制足球开始接触足球的。这是我的挚爱，是我最乐在其中的事情。"罗纳尔迪尼奥（小罗纳尔多）是他那一代球员中最具创造力的一个，曾两次获得"世界足球先生"的称号，他说："如果你一直用五人制足球来训练的话，那么常规足球踢起来就很简单了。"

从巴西回来后，克利福德开办了多家巴西式球技训练学校，遍布世界各地，包括利兹这家，并已取得显著成效。作为加福斯城队（一家英格兰业余足球队）的球队经理，克利福德在三个赛季内已经晋升两次。"等整个球队的少年都是我办的足球学校培养出来的，加福斯城就真的要大展身手了。"他说。

五人制足球完美体现了精心设计的训练课程可以令学习事半功倍的道理。只要练习得当，任何复杂的知识技能都能以惊人的速度扩大和深化。足球是一项要求运用技巧和策略、讲求速度的复杂的体育项目，这就意味着球员在力求掌握技能的过程中一定会犯下大量错误。但这并不意味着五人制足球毫无作用，相反，这正是其作用的铁证。

巴西和其他各国在足球水平上的差异，并不是经济发展水平不同造成的，和某些假大空的理论也毫无关系，当然也和基因没什么联系，使这片土地熠熠生辉的是数以千计的五人制足球场。高效学习的道理如此，目的性练习的深层真相也如此。①

中锋约翰·阿米奇（John Amaechi）曾先后效力于克利夫兰骑士队、奥兰多魔术队和犹他爵士队。他也是现代体育界最有魅力的人物之一：心理学博士、政治活动家，以及英国一家最具改革精神的体育慈善机构的创始人和策划者。

最近，我拜访了他位于伦敦南部的公寓，想看看世界顶级的篮球运动员都是如何训练和提升球技的。出人意料的是，目的性练习原理一次又一次地跃入眼帘。他的描述摘录如下：

在宾州州立大学打球之初，队里没人打得过我。于是，我教练又招了一名"临时球员"，他是以志愿者身份加入训练的，他有2.03米高。

每次我们队要进攻时，临时球员就会跳上球场进行防守，所以我们是五对六。这说明了两件事：首先，对方有两名队员负责盯防我。一般来说，这不利于对方防守，因为这样做的话，其中一名防守队员就无法负责他原本负责的那名我方队员了。但六个人一起防守的话，对方就可以双人包夹我，而我的队友也都有一名专人负责。

为了给队友制造空位，必须帮他摆脱防守，而我则必须在他有空位的那一刹那快准狠地把球传给他。即便你传了一记漂亮的球，在当时那个特定的时间点和位置，你可用的空位也只有弹丸之地。更何况我面临的是双人包夹，

---

① 足球领域的权威人士西蒙·库珀（Simon Kuper）和斯蒂芬·希曼斯基（Stefan Szymanski）对世界各国的足球水平进行了一项重要调查。他们发现即使对某些影响因素进行了控制——例如人口数量和参加国际足球赛事的次数，巴西还是以压倒性的优势战胜了其他主要国家。他们表示，巴西足球拥有持续超越人们期待值的"惊人"能力。

这球就更难打了。这迫使我提高球技,更加全神贯注地投入比赛。

我必须创造出看似几乎不存在的时间和空间。这迫使我超越极限,迫使我的思维变得更快、更准、更深刻,迫使我打破常规进行思考。这反过来让我的极限不断升高,如此循环往复。

纵观竞技体育领域,我们很容易就会在各式各样永无止境的训练方法面前不知所措。但是,透过现象看本质,你会发现,所有成功的训练体系都有一个共同点:把目的性练习制度化。中国——第一乒乓强国——进行多球训练;巴西——足球强国之一——用五人制足球训练球员;顶级篮球队则利用临时球员提升球技。类似的例子还有很多。

有时,十分简单的举动就能令学习事半功倍,比如和高手过招。正如最杰出的女性足球运动员米娅·哈姆（Mia Hamm）所说的:"我一辈子都在向上踢球,也就是说,我总是在挑战自我,和比自己年长、健壮、球技更高、经验更丰富的人踢球——简言之,他们都是比我优秀的人。"她起初和哥哥踢球,然后和全美顶级校队踢球。"每天我都力争赶上他们的水平……然后我的球技突飞猛进,这是我做梦都没想到的。"

但是,训练体系中最能体现目的性练习精髓的部分往往是极其复杂和精妙的。英国自行车队体现了该项目的最高水平,具有很强的统治力。他们对位于曼彻斯特的训练基地中使用的训练方法一向讳莫如深。这么做的原因可以理解,无非是担心一旦训练方法泄露,他们的竞争优势就会减弱,就像专利失效一样。

如此看来,竞技体育不再是两个个体间或是两支队伍间进行的纯粹的、未经污染的客观对决;而是(至少根据本节探讨的内容来看)思想上的较量,是在幕后设计和构造训练体系的无数个体之间的较量。而且,倘若用尽手段,个体还是没能接触到最发人深省的训练体系,再怎么努力也到不了成功的彼岸。

正如我们在第1章中见证的那样,环境和机遇深深地影响着每一个追求高水准的成功人士,这种影响是无法避免的,是绕不过去的。

大脑变形记

如此看来，仅仅依靠"一万小时定律"，并不一定能成就卓越。想做到出类拔萃，你需要的是一万个小时的目的性练习。全神贯注地潜心训练固然重要，但这样做也远未能满足真正有针对性的训练的要求。你还需要获得接触正确训练体系的机会，有时候可能就是住在正确的镇上、获得正确的教练指导这么简单的事。

在我乒乓球生涯的头几年里，我师从英国顶级乒乓球教练——彼得·查特斯；到了青春期后期，我又跟随陈新华老师学习，学到了中国多球训练法的秘诀。无数青少年都接触不到这些，这是我得天独厚的优势。

实际上，几乎是从第一天训练开始，指导我的就是目的性练习原则。等到天时地利人和之时，学习成了一件事半功倍的活动，知识节节攀升，技艺突飞猛进，你就走上了卓越之路。

你也走在个人大改造的道路上。毫不夸张，确实是这样。在针对专家级水平进行的研究中，人们印象最深的一个发现就是正确的练习方式是如何彻底改变人类头脑和肢体的。"人的身体处于巨大压力之下时，DNA里的潜伏基因会进行表达，激活特殊的生理过程，"安德斯·埃里克森写道，"随着时间的流逝，机体细胞会进行重组，以应对进行该项活动的新陈代谢需求，比如说，增加毛细血管的数量，为肌肉提供充足血液。"

长跑运动员的心脏比普通人的大，并不是因为他们生来如此，而是长期训练的结果。和普通人相比，乒乓球运动员手腕更灵活，打字员手指更灵活，芭蕾舞者能以更多角度旋转足部。

不过，虽然人体强大的适应能力令人惊讶，但令研究员大跌眼镜的是，人脑具有很强的可塑性。例如，德国康斯坦茨大学（University of Konstanz）的托马斯·埃尔伯特（Thomas Elbert）领导的一项研究发现，年轻音乐家负责控制手指的脑部区域，与其练习时间长度成正比扩大。

进一步研究发现，类似的大脑变化确有其事。一项针对伦敦出租车司机的研究发现，这些司机为了拿到驾照，必须通过一组出名严格的考试，他们掌控空间导航的脑部区域因此比非出租车司机的大得多，而且从事这一行业越久，这一脑部区域就越大。

大脑生理结构转变的一个重要推手就是髓鞘，它包裹着神经元，能够大大增加信号传至大脑的速度。2005年的一项实验曾对在音乐会上表演的钢琴家进行脑部扫描，发现他们的练习时长及其髓鞘的数量成正相关。

但髓鞘并不是转变大脑结构的唯一主角。目的性练习还建立了新的神经连接，使脑部特定区域的体积有所增加，这样一来，专家们就能调动新区域内的灰质，提升演奏水平了。

所有这些都直接证明了第1章提及的硬件与软件区别之说的正确性，而且在此基础上更进一步。我们已经认识到，在处理任何复杂任务的过程中，决定最终能否取得优秀结果的最重要因素都是知识——通过深刻的经验获得并被编码进大脑和中枢神经系统中的知识。

但是，我们了然于心的是，知识体系的建立过程改变了存储和运用知识的硬件。这就好比下载某个特别复杂的软件时，你笔记本电脑的内部电路奇迹般地从奔腾1更新换代成了奔腾4。

那么，专家们看起来仿佛超人一样，达到了普通人达不到的高度，也是一种奇迹吗？他们就像与我们不同的电脑一样，每台都是为达到某一特定领域的专家级水平而生产制造的。

回过头想想数学"天才"鲁迪格·加姆。神经影像学研究发现，心算时，他不仅使用传统神经网络，还使用另一个和情景记忆（这是一种用于储存亲身经历记忆的强大记忆模式）有关的脑部区域体系。

不用说，你脑中也有这些系统，进行多位数运算时，你也可以调用它们。但是存在这样一个问题：你只有建立一个储存了上千小时目的性训练经验的银行账户，才能购买这座无价的房产。

如果你愿意付出，这就是实现卓越所需的价码。

想想看，我们中的大多数人都是怎么过日子的。我母亲做了好多年秘书工作，入行前，她报了个培训班学打字。经过几个月的训练，她的打字速度达到了每分钟70个单词，不过之后就遭遇了瓶颈，在整个职业生涯中都没能突破这一瓶颈。原因很简单：这个水平找工作足够了，而且一旦开始工作，提高打字速度就根本不重要了。所以她打字时，脑子里想着别的事。

我们中的大多数人都是这样处事的。学习开车等新技能时，我们会为了掌握该技能而全神贯注。起初，我们反应迟缓，笨手笨脚，一举一动都带着有意控制的痕迹；但随着熟练度的增加，我们吸收和理解了这些技能，把它们装进了内隐记忆，不再费力思考。汽车平稳前进，我们的注意力早已不在开车这件事上。这就是心理学家所说的"自动化"（automaticity）。

从事体育活动时，我们也经历了这样的过程。我们来到高尔夫练球场，买一桶球，抽出几支球杆，然后坐着小车缓缓驶到第一个发球区，做一些我们认为能帮助自己变得不那么笨拙的练习。这些事很简单，很有趣，让我们乐在其中，但其实毫无用处。就像高尔夫专家比尔·科恩（Bill Kroen）所说："许多人都把打球和练习混淆了。看看拥挤不堪的练球场，你会发现好多打球的人从头至尾用的都是同一支球杆（常为发球杆），打球时也不会检查自己的握杆方式、站姿还有位置是否正确。"

顶级高尔夫运动员的态度就截然不同了，他们在每次练习中都积极地尝试超越极限。例如，泰格·伍兹就把球踩进沙子里，在沙坑中击球，最大限度地增加难度，一次又一次地练习。乒乓球运动员马蒂·赖斯曼（Marty Reisman）花费大量时间做重击球训练，朝着一根孤零零地立在球网另一面的香烟打球，以提升发球精准度，打磨动作技巧。

目的性练习也许并不容易，但卓有成效。正如高尔夫球界的传奇人物桑姆·史立德（Sam Snead）所说的那样："喜欢练习自己早已掌握的东西是人类的本性，无可厚非，因为这样你就能少干点儿，更开心点儿。可不幸的是，这并不会帮你弥补缺陷……站在练习场上挥动发球杆，可比打起扑球、劈起球或是在练习沙坑球时被沙子扬一脸有趣多了，但我们又回到了那个问题上——为了成功，你愿意付出多少？"

回过头想想我母亲打字那件事，她 30 年来的打字速度一直保持在每分钟 70 个单词。现在，试想这样一个实验。

一组打字员进行了几个小时的目的性练习。过了一会儿，他们便开始做出先前没有预料到的重大调整。他们手指的灵活度提高了，采用了新的动作，甚至可以一目几十行。有些人最终达到了每分钟打 140 个单词的速度，就连他们自己也没预料到，经过目的性练习，他们的打字速度能快到如此惊人的地步。

目的性练习的神奇之处就在于此——它能改变你。而且，无论你的兴趣点是什么，是乒乓球、网球、足球、篮球、橄榄球、打字、医学、数学、音乐、新闻业还是演讲，凡是你能说出的项目，目的性练习都能在其中发挥这种作用。

创新的无限可能

常言道，人类成就最终会走向终结；可能性是有上限的，就算有集体的智慧在，我们也迟早会碰到天花板。数学的基本法则——更不必说物理学和解剖学——决定了我们越跑越快的进步不可能永远持续下去：如果 100 米短跑的最快纪录以每年 0.1 秒的速度降低，那么最终，发令枪还没响，短跑选手就必须穿过终点线。

不过，这也许只适用于一些难度不高的事情，而不适用于错综复杂的活动。恐怕还得再过个上百年，甚至一千年，人类在高难度领域取得的优秀成果才会触及固定上限。这不仅仅是因为目的性练习的原理日益详尽，有所改善，还因为技术和应用领域发生了范式转移（paradigm shift）——人们完全没有预见到的革新发生了。

以音乐为例。一位音乐家能持续唱一个音 60 秒不换气，看来着实了不起，人们一度认为这就是世界最高纪录了。在那之后，一位萨克斯吹奏家凯丽·金（Kenny G）发明了一种创新型循环呼吸法——用鼻子吸气的同时用嘴吐气，不要间断，该纪录因此达到了 45 分钟，令人跌破眼镜。

竞技体育领域也有这种创意无穷的新方法出现。跳高运动员、背越式跳高鼻祖迪克·福斯贝里（Dick Fosbury）用这种新型跳高方式打破了世界纪录——助跑到最高速度时由外侧脚起跳，头先过杆，以背部落垫；简·诺瓦·瓦尔德内尔（Jan-Ove Waldner）改进了乒乓球发球动作——拇指和食指握拍，大大增加了灵活度和球拍旋转的自由度；铅球运动员佩里·奥布赖恩（Parry O'Brien）曾 17 次打破世界纪录——他推铅球前，身体会旋转 180 度，而不是前后晃动。

问题是，这些范式转移都是从哪来的？这些创新型跳跃都是怎么来的？它们巧妙地避开了看似不可变的障碍，让技能水平得以提升。我们都听过这样的传说：艾萨克·牛顿是被一颗苹果砸到脑袋后才提出万有引力定律的。这样真假难辨的事迹让我们不难推断出，这些创新纯属意外，是随机发生、变化莫测、难以言传的。仔细想来，这些灵光一闪的时刻的确非常神秘。

但是，仔细研究表明，创新型发现遵循的模式相当精准：和走向卓越一样，只有经历了目的性练习的艰辛，人们才能完成创新。专家们之所以能提出创意，就是因为他们长时间沉浸在自己选择的领域中埋头苦干。换句话说，灵感降临的时刻不是意外之喜，而是对专业领域进行潜心研究后厚积薄发的结果。

拿毕加索来说，人们常常将其奉为"灵感闪现论"的完美例证。要不然该如何解释，20 世纪一些最具创造力和影响力的艺术作品竟然出自一个出生于西班牙安达卢西亚地区的无名小卒之手？这一例子是否为灵感从天而降正了名，或者至少证明了特殊基因遗传的存在？

天普大学（Temple University）的心理学家罗伯特·韦斯伯格（Robert Weisberg）对毕加索进行了大量、深入的研究，得出了一个相当不同的观点。韦斯伯格发现，毕加索在少年时代极其认真、仔细地临摹过眼睛和高难度造型的人体，在这方面下了很大功夫——他不是只花几个小时或是几周时间刻苦练习绘画技巧，他花了无数个小时。

但是，在其绘画生涯早期，毕加索一点也没表现出创造天赋。他的早期作品和同辈人一样平庸，毫无过人之处。不过，这些"失败"和他之后的过人天资并不冲突，反而是十分重要的一部分。只有屡战屡败，屡败屡战，毕加索才能建立起必要知识库，进入创造力大爆发的阶段。（准确地说，相同的过程也在莫扎特身上出现过，他的早期作品也都是对他人的模仿，他经过18年的练习才创造出了传世杰作。）

毕加索的创造力是随着时间的流逝递增的，《格尔尼卡》是这一特性的集中体现。1937年，西班牙正处在内战时期，巴斯克地区的格尔尼卡镇受到了轰炸，这幅画受该事件启发所作，是艺术史上公认的最富有创新精神的作品之一。关于这幅画是如何创作的，我们了如指掌，因为所有45幅草图上都注明了日期，编了号。

这说明了什么？《格尔尼卡》根本不是灵光一现、大笔一挥画成的杰作。确切地说，这些草图展示了毕加索是如何运用三十多年来建立起的知识体系去构建多层次绘画的：第一幅草图以毕加索早期作品为基础，巩固了画作的整体结构，其他草图吸取了戈雅的绘画知识精髓，等等。传世杰作的每一层都是通过经验所得。看似纯粹神秘的创造力实际上是一生潜心向学的结果。

研究证实，创造力的十年定律的影响跨越人类活动的各项领域。卡耐基梅隆大学（Carnegie Mellon University）的N. 维什堡（N. Wishbow）对66位诗人进行了研究，发现超过80%的诗人在开始写出富有创造力的诗歌之前都需要十年甚至更长时间的持续准备。亚利桑那大学（University of Arizona）的心理学家安妮·罗（Anne Roe）对杰出科学家进行了一次详尽的研究，得出的结论是：科学创造力是随用功程度变化的一个函数。

就算是披头士乐队，也得经过十年的集中合作期才能进入辉煌时期，发行了《橡胶灵魂》《左轮手枪》和《比伯军曹寂寞芳心俱乐部》这些20世纪最具创造力的流行音乐专辑。另一位常被用作灵感闪现论典范的艺术家米开朗琪罗说过："人们要是知道我必须得多努力才能精通专业知识的话，一切看起来就不会这么值得惊叹了。"

当创造力不在艺术舞台上展现自我,而是转到技术革新领域的时候,一场微妙却强有力的互动发生了:目的性练习不仅改变了个体,还使改变个体的方法发生了改变。第一阶段,业内专家参与目的性练习,然后新技能得以发展。第二阶段,其他个体捕捉到这些新方法,增强了练习功效,引发了第三阶段的新一轮革新,如此循环往复。

这样一来,第 1 章中的一个重要观察结果得到了解释:13 世纪时,人们认为任何人都得花 30 年才能掌握数学知识,而现在几乎每个大学生都懂微积分。不过,这不是因为我们变聪明了,而是因为数学方法和教学方法变"聪明"了。同样,足球和乒乓球的门槛一直在提高,至少部分原因是技术一直在进步,训练体系也一直在进步,越来越完备,我们已经见识到了。

综合这些因素,可以得出一个铁板钉钉的结论:在遥远的未来,人们处理复杂错综事物的水平会继续一路上升,并不时伴有新事物和新方法的出现——不单是预见不到的,更是不可预见的。

反馈回路

在中国出身的陈新华教练的多球训练法下,我的击球速度和动作发生了翻天覆地的变化。1992 年,他又提出了一个新点子,改变了我的职业生涯:他让我改变正手削球的打法。

那个时候,我击出的球千变万化,有时是高弧球,有时又是侧旋球,而且削球高度往往低于球台。我对自己球风如此变幻莫测充满自豪,觉得这算是我的一种发明创造。

陈教练不这么觉得。他教我一种正手击球法,可以不做任何改变,在每一次击球中运用。我们花了两个月反复练习这一击球法——这个长弧球动作幅度很大,从右耳开始挥拍,到脚踝上方不远处收回,击球高度和球网的高度一致,分毫不差,膝盖要正好弯曲 90 度。最终,这一打法被彻底编码进我的脑子里,我能够运用自如,不产生任何偏差。

过程十分磨人,长时间的集中训练使我开始质疑一切辛劳与汗水是否都值得。直到训练的最后阶段,我才明白这一技术调整的奇妙力量。这种新打法比其他击球法好,或者说效果更好,这些都不是重点。重点是,这种整齐划一的击球方法是培育有效反馈的最佳土壤。

这意味着什么?想想看我技术多变时的情况:犯错后想分析是哪个环节出了错几乎是不可能的。是因为引拍不当,还是因为对方打了个旋球,还是因为没把握好球的高度?就是因为我每打一球,手法都大不相同,我根本不可能搞清楚到底是哪个环节出了纰漏。

通过创造一种可以全部复制的击球技术,只要一犯错误,我就能第一时间发现是哪里出了问题,然后自动进行改进和调整。几个月下来,我正手击球的准确性和连贯性都有了质的飞跃,连续击球数也从 15 个逐步增长到 200 个。这就是反馈的力量。正如陈教练所说:"如果你不知道自己错在哪,就永远不知道你的哪些动作是对的。"

反馈在科学领域内的重要性,大家都耳熟能详。通过试验揭露出某一理论的不足之处,科学知识才能得到进步,反过来,这也为新理论的诞生铺平了道路。一个不可试验的理论(即该理论对反馈免疫)永远不会得到改进。

对许多活动而言,比如开车,反馈都是不可缺少的一部分(你只要多打了方向盘,车就会向路边歪,你就不得不做出调整),但在许多其他领域,包括体育和其他许多行业,我们必须主动寻找反馈。如果我们想要有所提高的话,就必须知道自己哪里做错了。

拿象棋来说,每走一步,棋手都会收到反馈,但反馈不是立即出现,也不是显而易见的。虽然他也许能继续赢得比赛,但是很难彻底清楚 20 步里的特定一步是否为最佳选择,因为你永远也无法确定,如果你换个走法,对方会有何反应,而你又会如何应对，各种类似的情况都是可能存在的。(这就是第 1 章中介绍的术语——组合性爆炸)。

那么，怎样才能获得有效反馈呢？在国际象棋发展的早期阶段，人们就意识到有一种简单易行的方法可以获得有效反馈，即研习著名国际象棋大师间的历史性对弈。棋手完全复制前人比赛的情境，摆好棋子，自己走一步，然后与大师的走法进行对比。

这种反馈有奇效，简直令人不可思议。努力向上的棋手一定会问自己，为什么自己做出的选择和大师不同（也可能相同）：大师走的这一步会对比赛产生怎样的结果？做此决定时，大师用了什么推理方法？这一小步又是如何与中盘的整体布局协调一致的？拉斯洛·波尔加培养三个女儿的棋艺时，用的就是这种练习方式。

实际上，反馈就是火箭燃料，将推动知识的习得过程。没有反馈，再多的练习也不会令你出类拔萃。

高尔夫的经验之谈

多数运动都已建立了反馈：当我们打了一记臭球时，网球会过不了网，高尔夫球会飞到场外去。但这就是全部了吗？

试想一下，一名业余高尔夫运动员站在练习场上，朝立在不远处的旗杆挥杆击球。他使用长铁杆，试图使球落在旗附近，但是他根本不确定旗离他有多远，他的注意力也没全放在球的轨迹上。当球偏离预定轨迹时，他也完全不知道究竟是握杆方式不对，自己站的位置有问题，没控制好杆头速度，还是其他原因。他确实有所反思，但反馈的信息是远远不够的。

现在，想想看专业高尔夫球运动员朝旗子挥杆击球的场景。他能精准地估测旗子离他有多远，因此下次挥杆时，他就能立即对挥杆力度做出调整。更重要的是，由于他的打法是可以复制的，他对自己击球的方方面面——姿势、站位、挥杆前的准备动作——会对结果产生什么影响都了如指掌，这样一来，他就能发现错误出在哪里了，每一球都是如此。

他还有个教练站在他身后，提供另一维度的反馈信息。教练不仅仅会给予鼓励或是评判球员的专心程度，还会寻找小的技术故障，这些小错误球员自己可能发现不了。教练的好处在于，他的视角是属于局外人的，这一视角是球员自身所不具有的。

只有当球员进入那个情境，观看自己的练习视频时，他才会从第三人称视角看问题，才能和教练讨论训练课程，再提供一层反馈信息。

现在思考一下，业余高尔夫运动员和专业高尔夫运动员分别是怎样打完一局球的。业余运动员打了18洞球，要么是从球道击球，要么是从果岭边缘击球，收获了不俗战绩后，高高兴兴地离开球场。他全神贯注，也从经验中学到了不少知识，但他把反馈最大化了吗？

专业运动员打球的方式与业余爱好者截然不同。每一次，他不是只打一颗球，而是从多个角度打多颗球，密切关注每一杆和预期结果的差距。当发现难度较高或是不太常见的球时，他会将练习数量增至6杆，等到在赛场上面对同样情况时，便会发现由此所得的反馈信息是无价的。

而业余爱好者只会从某个较难角度打上一球，这样就无法得到可以让他进行调整的反馈，因此，当他在赛场上遭遇相似窘境时，实际上相当于"盲打"。

杰克·尼克劳斯是精通目的性练习艺术的大师，每一杆具体想达到什么水平，他胸有成竹。"即便只是练习，我也从来不打'无准备之球'，我脑子里必须要有一个清晰可辨、清楚聚焦的画面，"他说，"就像一部彩色电影。一开始，我'看见'球落在了我想让它落地的位置，洁白可人，高高端坐在绿油油的果岭上。然后画面迅速切换，我'看见'小球抵达那里的全过程——它飞跃的路径、轨迹以及它的模样，甚至连它落地时的样子我都看得一清二楚。"

尼克劳斯如此生动形象地描绘出自己的精神世界，不是为了乐趣，而是为了以此获得尽可能详尽的反馈信息。通过比较真实结果和"彩色电影"的预期结果，每挥一杆，他都能以最高效的方式学习到经验，做出相应调整。说这种学习方式释放的威力巨大，并不是夸大其词。

只有当我打出的每一记正手削球都一模一样、可以复制的时候，陈教练才允许我加入旋球，变换速度，做些改变。结果你猜怎么着？每一种变换，每一记球在旁观者看来都是独具匠心、自然而然发生的，实际上却是经过长时间的练习才打磨到可以百分之百复制的地步，让我可以获得纯粹的反馈信息。

这一点值得铭记在心，当你下次再看见顶级运动员展示非凡绝技之时，例如，泰格·伍兹从垂枝之下的位置神乎其神地将球击上抬高的果岭，就可以回头想一想。这一球看起来也许是天才的神来之笔，但真相是，他已经练习这种打法无数次了，他从这一球中收获的有价值的反馈信息比你打一整场比赛得到的还多。

如此看来，便不难明白，为什么有意赢得冠军的运动员都那么渴望跟随顶级教练学习。不只是因为训练时能得到专家级的建议，更重要的是，一流教练能够对练习进行设计，寓反馈信息于日常训练，使得再调整过程自动化，反过来，反馈信息的质量也会有所提高，催生进一步的发展，然后如此循环往复。

运动员身处这种反馈回路中，进步之神速令人震惊。这就是人类取得进步并将继续前进的原因，几乎人类事业的每个领域都是如此。这就是科学一直在发展，只进不退，只上不下，变得越来越强大，越来越精准的原因。

顺便一提，这也是进化过程如此强大，令人不可思议的原因。进化中的变异要接受生存繁殖"反馈"的检验，反过来催生新变异，然后新变异再接受检验，如此循环往复。反馈回路经过几亿年的洗礼，单细胞生物演化发展成了现代人类，以及我们身边的其他奇妙物种。

当然了，两者还是有区别的。物种进化的过程要横跨数代，而我们达到大师级水平就只是几千个小时的事。

学以致用

把自己想象成一名实习医生。你迫切地想要学会看几张乳房 X 光片就能诊断癌症的本领,于是跟着医院里经验丰富的医生学习了一段时间,他走到哪儿,你就跟到哪儿,勤勤恳恳,学习了成为专家的必要技能。这看似掌握诀窍的不二法门。但事实真的如此吗?

在本节,我们将从竞技体育领域的目的性训练原理中汲取精华,然后看看如何将其运用到其他领域。我们将继续讨论医学领域,因为该领域技术水平的提升就意味着拯救更多生命,其效果之显著,其他各行各业都无法与之相比。而且,医学实例也能为目的性练习在其他领域的应用提供意见和建议。

那么,让我们回到实习医生的话题上去。他在医院里有一段日子了,他发现恶性肿瘤诊断病例十分罕见。所以,尽管他师从名门,每周也没几次机会能讨论阳性病例,或是发现乳房 X 光片存在异样,观察到他老师是如何对潜在危险感到警觉的。换句话说,他的练习是零星、分散、断断续续的。

还有更糟糕的事。就算主任医师确实诊断出了恶性肿瘤,但他一定没有误判吗?不等到几周后的探查性手术,不管是主任医师还是实习医生都无法证实这一诊断是对还是错。不过等到那时,他俩都不会记得当初是基于什么原因做出了这一诊断,而精力又会被新病例占满。

这里的反馈——上一节中的术语——是不纯粹的:被打断了,并受到新压力的干扰。

如此看来,跟在诊所里经验丰富的医生身边学习,是否真像看起来那么有成效?真能激发目的性练习吗?毋庸置疑,答案是否定的。难怪实习医生经过缓慢艰辛的学习过程,诊断病例的准确率能逐渐达到老师的 70%,却很少能超越这个水平。

现在想象一下另一种截然不同的训练体系。安德斯·埃里克森建议,在该训练体系中,学生们能够进入一个乳房 X 光片数字化图书馆,所有病例都是已得到正确诊断且肿瘤位置已得到证实的。学生们能够以小时为单位做出诊断，并能得到即时反馈，了解自己所做诊断是否准确无误，这大大提升了诊断的准确度。"还可以为这个乳房 X 光片图书馆编写索引，这样一来，学生们就能对一系列相关病例进行检查了，这有助于发现肿瘤类型及其危险特征。"埃里克森表示。

这种训练方法和五人制足球以及多球训练法惊人相似。它将目的性练习的原理制度化，在一定程度上用了数学原理——把不计其数的诊断病例打包塞进有限的可用时间里，还利用了反馈的引导力量。尽管这种训练方法潜力无限，但令人深感失望的是，埃里克森苦口婆心的游说并未使医学界接受这一方法。

"医疗体系涵盖范围广，且相对保守，"埃里克森说，"可能还存在一些抑制因素。如果医院无法客观评判多数临床表现，那么他们就不会有足够的压力对训练体系做出改进。但是，我仍旧满怀希冀，相信不久后，相关组织就会着手行动起来。"

让我们看看另一个医学实例。1960 年，研究员杰弗里·巴特沃斯（Jeffrey Butterworth）进行了一项调查——看是否在职时间越长，通过心音和杂音做出相应诊断的能力就越强。他发现，从医学生发展成一名合格的心脏外科医生的过程中，随着经验和阅历的丰富，诊断的准确性也越来越强；不过，他还发现，随着时间的推移，全科医生诊断的准确性却下降了。

这也就是说，有着多年临床经验的全科医生在诊断心脏病时的准确率是低于初出茅庐的医学生的。这听起来很是令人不可思议，更不用说还有些可怕。不过，原因不难解释：心脏科专家一直在深挖专业领域知识，而全科医生接触心脏病例的机会则相对较少。

实际上，全科医生就像遇上棘手球位的业余高尔夫球手，只打了一球，反馈信息不足以使其质疑自己的判断并做出改进。而心脏科专家则像是专业高尔夫运动员，早已身经百战：他们不断拓宽和深挖自己的知识体系，实力越来越强。

那么，如何提升全科医生的"球技"呢？怎样确保他们能够发现警告标志呢？给他们一个宝贵机会，让他们进行"多球练习"怎么样？好好设计一个集中训练课程，让他们有机会能在一个周末做完正常情况下一年的病例诊断怎么样？可以百分之百肯定的是，当全科医生完成这一课程后，他们诊断的准确性会突飞猛进。

零和博弈

用经济学术语讲，竞技体育是零和博弈：根据定义，彼之所失必为我之所得。也许这看起来再明显不过了，但后果很严重。

假如我是一个一流的短跑运动员，本来就技压群雄，又采取了目的性练习原理，结果，我的赛跑时间又缩短了10%。等到下次比赛时，我将从其他竞争对手身旁呼啸而过。这对我而言是好事，但对他们而言情况就不太妙了。在新训练法的作用下，我相对他们的排名上升了，但他们却为此付出了代价。二者相加，净"利润"为零。

现在，假设我不在竞技体育领域里应用目的性练习原理，而是将其用到职场上去。结果，我的生产率和薪水都增加了10%。从个人角度来讲，我从这种新的工作准则中获了利；而且，现在我能用这10%的薪水置办更多食品杂货，买跑鞋，做头发，等等，这样一来，和我做生意的那些人也获了利。

我提高了自己的生活质量，也提高了身边人的生活质量。用经济学术语来讲，这是一种双赢情况。

倘若我们视野开阔一些，可以原封不动地将这一原理应用到很多地方。假设我是个跑步选手，我的所有竞争对手都和我一道采用目的性练习原理，然后我们所有人的赛跑时间都缩短了10%。下回比赛，我们的相对排名还会和过去一模一样。净利润依然是零。

但是，如果职场上每个人都应用目的性练习，将总生产率提高10%，那么，社会的收益将是巨大的，并且会随着时间累积。经济学是一场大家能够同时获胜的游戏：生产效益的增加促进了贸易往来，进而推动生产效益进一步增长，随之带来更多生意，如此循环往复。这是一种三赢情况。

这一分析直戳本章核心，揭示了其讽刺性的本质。只有在竞技体育领域，目的性练习的"利润"是此消彼长的，就整个社会而言，这种情况永远不会发生。但是，我们一直强调要在竞技体育领域实现目的性练习，而对大家都能分得一杯羹的领域却视而不见。

正如一位商界人士所说："很少有商业领域能把目的性练习原理引入职场。诚然，某些工作的上班时间是不短，但多是一些重复性的无聊工作，激发不了雇员的创造力，无法帮助其接近甚至超越极限。很少有专人对员工进行训练和指导……而且，客观反馈几乎是不存在的，通常最多只有一次年度审查，还做不到百分之百地反映事实。"

这正是拉斯洛·波尔加开始伟大实验之前一直在强调的观点。他强烈要求学校同事和当地政府接受他的观点，他坚信他们能够大大提升整个社会的技能水平。他可以预见到更丰厚的"利润"积聚成山，并随着时间的推移如何一步步地增多增大，然而几年下来，他连连碰壁，没有人严肃对待他的观点。

当然，他并不是提议说所有孩子都应该在16岁以前接受严格缜密、高度专业化的一万小时训练；更确切地说，他想表达的是，适度地应用目的性练习，能够让无数个体意识到自己尚未得到开发的潜力。他认为，只要用对训练方法，且时机合适，每个人都有能力走向卓越。

问题在于，没人相信他，而且很大程度上人们依旧不买他的账。波尔加的大女儿成为国际象棋界首位女性大师已经快20年了，支持性证据也纷至沓来，但是多数学者依旧大力声讨他的见解，社会也对其嗤之以鼻。简言之："天资成就卓越"一说继续占据了主流舆论。

这一范式的适应能力奇强，简直不可思议，已经并在继续造成毁灭性后果。要是成功只和天资有关，与练习无关，个人或是家长又为什么要花费时间和精力探寻进步的机会呢？如果即便是做最乐观的估计，收益也还是不确定，我们为什么要做出牺牲呢？要是成功只眷顾那些基因优良的人，我们为什么要离开"舒适区"，经历"学习区"的严酷考验呢？

"天资成就卓越"一说不仅从理论角度看漏洞百出，在实践中也有潜在的危害，能使个人和社会公共机构丧失改变自我与社会的动力。就算我们无法说服自己接受"影响专家级水平的最终因素是练习的质量与长度"这一观点，难道我们就不能接受"练习远比我们想象中重要得多"，接受"现在早已不存在天赋这个概念"，接受"我们中的每一个人都具有踏上非凡之路的潜力"的观点吗？

第 4 章　神秘的动力机制与改变人生的思维模式

豁然开朗

17 岁那年听到的一席话改变了沙奎尔·奥尼尔（Shaquille O'Neal）的人生。那时，他刚参加完一个篮球夏令营，第一次怀疑自己是否具有成为一名 NBA 球员的潜质。

"训练营里真是竞争惨烈，"他在马洛·托马斯（Marlo Thomas）的作品《改变人生的金玉良言》（*The Right Words at the Right Time*）一书中说，"全国各地最拔尖的高中球员都汇聚于此。在科尔高中，我的表现名列前茅，可是在训练营里，高手比比皆是。"

回到家后，奥尼尔告诉母亲，自己对未来感到迷茫。母亲鼓励他再加把劲，可是奥尼尔听不进去，他说："我现在做不到。也许以后可以。"他母亲随后说的一句话改变了一切："不是每个人都有以后。"

"这句话让我醒悟，"奥尼尔告诉托马斯，"一下子把我打回现实，让我有所行动。你现在就要努力！不要等！如果你犯懒，坐以待毙，不想拔尖，那你终将一事无成；而如果你足够努力，老天不会亏待你。在那以后，一切对我而言都简单明了。"

演员马丁·辛（Martin Sheen）是在读到一篇关于丹尼尔·贝利根（Daniel

Berrigan）的新闻报道时幡然醒悟的。贝利根是纽约的一名耶稣会神父，他组织了反越战非暴力抗议活动。一名记者挑衅地问道："贝利根神父，您进监狱没关系，毕竟您膝下无子。但要是我们都进了监狱，我们的孩子可怎么办？"贝利根平静地回应道："难道你逃过了牢狱之灾，你的孩子就会好好的吗？"

"我在报纸上读到这句话时，像被雷电击中了一般，"辛对托马斯说，"他的一句话迫使我重新评判自己，重新评判我所生活的这个世界，最终迫使我从一种截然不同的角度看待社会公正问题，我余生所持的政治主张和社会立场都受到这句话的启发。"

美国创作型歌手卡莉·西蒙（Carly Simon）在高中时迎来了"关键时刻"——她的男朋友说，她口吃的样子很"迷人"，这是她自尊和事业的一个转折点。在维纳斯·威廉姆斯的早期运动生涯中，妹妹塞蕾娜在双打比赛时给她加油打气的一番话改变了她的人生。对美国足球运动员米娅·哈姆而言，与教练的一次球队会议令她茅塞顿开，那是个充满戏剧性的瞬间——教练在问她是否真想闯出点儿名堂之前，把房间里的灯关了。

你是否经历过这种茅塞顿开的时刻？心理学家迈克尔·罗塞尔（Michael Rousell）称其为"自发影响事件"。我经历过。那个时刻来临时，18岁的我正坐在家里看新闻。播音员一直喋喋不休地报道着政府正在如何努力地控制通货膨胀。这不是件新鲜事，太正常了，也没多重要。但令人感到费解的是，它就存储到我脑袋里了。

突然间，我被深深地吸引住了——能把人类送上月球的政府却无法控制我在本地商场里购买的商品的价钱。这看起来太奇怪了，几乎不可思议，肯定值得我进一步研究。所以我买了经济学课本。这件事本身就令人瞠目结舌，因为我提前一年就离校了，资格证书也没拿到几个，甚至在学习上也没什么大志向。而且，我即使在课业上十分用功，却从来没有真正领会课本的内容。

那个时刻改变了一切。我带着我的装备——课本，如饥似渴地想要了解这个叫作通货膨胀的奇怪现象，结果发现了令我震惊的事情。我读课本的时候，感觉作者好像在直接对我娓娓道来；这些新颖生动的知识通过"新陈代谢"进入我的身体，大脑迅速对其进行加工合成；随着阅读的深入，我能够认识到书中看似不相干的部分之间存在着复杂深奥的联系；我觉得学习不再是费时费力的，而是自由自在的。

经济学课本和我之前在学校里读过的书没有任何差别，改变的是我。我的态度——激发学习兴趣的态度变得不一样了。我学习，不再是因为父母让我学，或是因为老师说如果我不好好学习，就不让我放学回家；而是因为我自己想学习，因为书里的内容正是我的兴趣所在，激动人心，紧跟时事。实际上，我一下乒乓球俱乐部的培训课，就回家冲上楼，汲取"养分"。

随着我对现金经济模型研究的深入，会出现一些复杂难懂的概念，我得读好几遍才能搞明白。有时苦苦挣扎一整周，我还是搞不懂。但这没有关系，我继续前行。困难吓不倒我，因为目标——深入了解经济学知识——才是我心之所向。

我在读书读到深夜时意识到，决定成败的关键因素在于动力源自何处。诚然，目的性练习时间累计达到上千小时，会最终决定我们能在通往卓越的道路上走多远；但这只适用于那些心中有目标的人，那些把动力内化了的人（关于动力的内化，可参考第 2 章），那些向目标前进的人。

我以前完全没有想过这些，因为我对乒乓球的热爱看起来就像是我身体的一部分，补全了我对学习缺失的兴趣。但是现在，我明白了，一个人的态度是会随时间变化的。这一点是重中之重。

那么，这些"灵光"，还有激发我们朝着突然迸发、未曾预见的全新方向起航的心灵力量都源于何处？问题就是，我们根本找不到一个统一的主题或原因，看看上文中的五花八门的故事便会明白，经常是看似不相关的事件造成了深刻的影响。

在一定程度上，这也就是这些故事如此引人入胜的原因：它们是特例，是不可复制的，高度受制于发生的时间和涉及的主体。这些"灵光"，从真正意义上讲是神秘难解的，有时就连事件的主人公也觉得不可思议。那么，我们怎样才能从中得出一套动力理论呢？

这一问题已经困扰心理学家数十年了。这就是为什么顶级教练始终对这一话题存在分歧。这也是为什么书架上会有那么多自助"巨著"在指引人们寻找动力。但是，在我们变得过度悲观（甚至动力全无）之前，我们有必要开阔眼界，寻找更广阔的概念和更深奥的模式，以进行讨论。

动力的连锁反应

2003年，两位美国心理学家格雷格·沃尔顿（Greg Walton）和杰弗里·科恩（Geoffrey Cohen）设计了一个有趣的实验。他们找来一组耶鲁大学的本科生，让他们解一道无解的数学难题——但是有个小陷阱。他们事先让学生们读了一篇"耶鲁数学系曾经的学生内森·杰克逊"写的报告。表面上，报告提供了一些有关数学系的背景知识；但实际上，两名研究员使了个诡计。

其实，杰克逊是个虚构人物，那篇报告出自沃尔顿和科恩之手。报告中，杰克逊讲述了自己初到大学、前路一片迷茫时是一种怎样的体验，自己是怎么对数学燃起兴趣的，现在又为什么会成为数学系教师。报告中间部分有个表格，展示了杰克逊的部分生平资料：年龄、家乡、教育经历及生日。

好了，"圈套"来了。他们更改了杰克逊的生日，使之和近一半学生的生日在同一天，而对另一半则未作改动。"我们想检测一下，和数学高手同天生日这种随机事件能否激发动力反应。"沃尔顿说。读完报道后，学生们开始解题。

令沃尔顿和科恩大跌眼镜的是，与虚构人物同天生日的那组学生的动机水平不是微微上升，而是达到了猛增的程度。生日同天组的学生比生日不同天组的学生多坚持了整整65%的解题时间。还有一点十分重要：他们对待数学的态度更加乐观了，对自己的能力也更有信心。需要明确一点：在读杰克逊的故事之前，所有学生对数学的态度都是一样的。

"他们在房间里孤军奋战，"沃尔顿在接受《一万小时天才理论》一书的作者丹尼尔·科伊尔的采访时说,"房间大门紧闭,他们与世隔绝,而同天生日这层关系对他们意义非凡。他们不是一个人在解题。对数学的兴趣和热爱成了他们身体的一部分。他们自己也不知道是为什么,突然间就变成了'我们'而不是'我'自己一个人在解这道数学难题。"

"我们怀疑,这些事件(即我们口中的'灵光')之所以如此威力无穷,是因为它们本身十分微小而间接。如果我们直接告诉他们相同的信息,或者他们注意到这点的话,就不会有这么明显的效果了。这不算战略,我们也没想到它会起作用,因为我们根本就没把它当回事。这些都是无意识的,自然而然就发生了。"

我们可以把该实验中发挥效用的动机叫作关联动机:一个微小的、毫不起眼的关联点深深地烙在了潜意识里,激发了动力反应。在耶鲁大学本科生的这个实验中,关联点是同天生日,它触发了有力一击,产生了一连串反应:"我和这家伙挺像的,他的数学成就真是了不起,我也想像他一样有出息!"

科恩表示:"对归属感和关联感的需求,是最重要的人类需求。几乎可以肯定的一点是,维持这一关联的根本动机是我们固有的。"

下表出自科伊尔的《一万小时天才理论》一书。

年份	入选美国职业女子高尔夫球协会(LPGA)巡回赛的韩国选手的数量	入选国际女子网球协会前100名的俄罗斯选手的数量
1998	1	3
1999	2	5
2000	5	6
2001	5	8
2002	8	10
2003	12	11
2004	16	12
2005	24	15

续表

年份	入选美国职业女子高尔夫球协会（LPGA）巡回赛的韩国选手的数量	入选国际女子网球协会前100名的俄罗斯选手的数量
2006	25	16
2007	33	15

随着时间的推移，选手数量的迅速增加几乎迫使人们得出结论——1998年前后，肯定发生了某种"灵光一闪"的事件。就算是没接触过关联动机这个概念的人，看到数据增长的趋势，这一推断也会在本页一跃进入脑海。正如科伊尔所说，可喜可贺的是，不难辨认出"灵光"的存在。

1998年5月18日，20岁的韩国高尔夫球选手朴世莉（Se Ri Pak）摘得了麦当劳赞助的美国职业女子高尔夫球协会锦标赛桂冠，整个韩国都沸腾了。《波士顿环球报》（Boston Globe）是这样报道她卫冕锦标赛的："昨日，朴世莉不负众望，获得了价值130万美元的美国职业女子高尔夫球协会锦标赛冠军……现场挤满了韩国粉丝，被一大群韩国电视和新闻记者围得水泄不通。她在终局打出68杆，整个比赛下来打出273杆，低于标准杆数11杆，创造了纪录，赢得了19.5万美元。这是近年来韩国在体育赛事中的夺冠经历中的最令人热血沸腾的时刻。"

几周后，俄罗斯也迎来了自己的时刻——17岁的金发网球运动员安娜·库尔尼科娃（Anna Kournikova）进入了温网半决赛。当年，该赛事是俄罗斯全年收视率最高的节目之一；在一定程度上，库尔尼科娃靓丽的外表也为其加分不少，她的名字一跃成为全球网络搜索第一名。

现在，思考一下这种关联的本质：总体说来，韩国姑娘们都会在电视上看到朴世莉的胜利，她们会因她取得的骄人成绩惊叹（全球体育界都是如此），这种胜利的喜悦将引爆民族自豪感。对该事件而言，关联点是爱国主义的一种，共享的是民族自豪感（而不是生日）：对任何一种当代文化而言，该联系都是强有力的。

"朴世莉使我备受鼓舞，"2008年美国职业女子高尔夫球协会公开赛冠军得主朴仁妃（Inbee Park）表示，"那时候，包括我在内的许多年轻姑娘都拿起高尔夫球杆，想像她一样为国争光。那是一个清晨，我还半睡半醒。电视上一直在重播那场赛事，可能播了一千遍。我因此看了好几遍。我很钦佩她为祖国人民增光添彩的行为……激励我有所行动的正是这一点。"

美国职业女子高尔夫球协会的女发言人康妮·威尔逊也发表了类似的观点："回到1998年，是朴世莉点燃了韩国女子高尔夫的热情，韩国姑娘们开始觉得自己也能取得像朴世莉一样的骄人成绩。"韩国媒体把国内这批"土生土长"的顶级女子高尔夫运动员称作"世莉的孩子"。

现在，思考另一个问题：时间。看看表中体现的模式，能看出些什么吗？科伊尔在书中写道：

> 请注意这张表，不管是高尔夫还是网球，从最初到蓬勃发展都是一个缓慢的过程，需要五六年的时间，选手数量才能达到12个。这并不是因为在起步阶段"偶像之光"太微弱，后来才慢慢强大起来，而是有个更加本质性的原因：深入练习需要时间（还是那句老话，一万小时定律）。有了练习量的积累，才能便会像蒲公英在院子里散播一般，在苦练技能的大军里散播开来。吹一口气，耐心等待，花便会盛开。

把目光拓展至其他领域，你会发现该模式一次又一次地映入世人眼帘——威力巨大的动力之光闪现，然后经过10年甚至更久的时间，带来成功之花的绽放。1962年，瑞典乒乓球选手汉斯·阿尔瑟（Hans Alser）赢得了欧洲锦标赛冠军。在那时，瑞典上下都为这场始料未及的胜利而疯狂。9年后，斯特兰·本特松（Stellan Bengtsson）——阿尔瑟夺冠时，还是少年的他惊叹不已——卫冕世界锦标赛冠军，引领瑞典乒乓球进入辉煌的20年。

我的家乡雷丁在20世纪80年代取得的非凡战绩也有该模式的身影。1970年，雷丁本地人西蒙·希普斯（Simon Heaps）赢得了欧洲青年锦标赛（European Youth Championships）的冠军，该比赛是至今声望最高也最大型的国际青年乒乓球赛事。

这是一场不同寻常的胜利，很重要的一点是因为雷丁在此之前没有诞生过一个乒乓球冠军，也没有打乒乓球的传统；而且，希普斯的成功产生了巨大的激励作用，并逐渐累积。10年后，雷丁一条小街上一流乒乓球运动员的数量比英国其他地区加起来都多。

以上所举的每个例子，都是两大因素共同作用的结果。一方面，动机的力量不容小觑：一点"灵光"就能激起强烈结果。"灵光"不一定是与目标存在关联的动机——能够突然引起我们浓厚兴趣的动力触发点几乎无穷无尽，本章开头部分提及的沙奎尔·奥尼尔和卡莉·西蒙就是如此。

但是，从另一方面看，我们再一次认识到成就卓越是一个长期的过程。茅塞顿开并不意味着有捷径可走；更确切地说，是茅塞顿开的瞬间开启了一个人漫长艰辛的卓越之路。

所有这些引发了一个更深层次的问题。很多人都被某个特别的事件"击中"过——关联动机也好，其他也罢——然后带着一种新鲜的（通常是潜意识中的）动力和目标，启程朝新的目的地前进。但是，只有动机是远不能成就卓越的。我们都见过那种一开始热情高涨，结果遇到一点困难和挑战就半途而废的人。

为什么受到朴世莉激励的韩国姑娘，有些人在5年后仍旧能努力提升自我，而有些就做不到？为什么受到"同天生日"激励的耶鲁大学学生，有些能在大多数人放弃后依旧尽全力解题（记住，65%代表的是毅力的平均水平）？为什么有些人乐于接受动机具有长期影响的说法，有些人却退回到无法被动机驱策的状态？

为了明确这一点，我们需要更进一步探讨一个问题——如何保持动力。心理机制是如何运行的？信念、自信以及情感又是如何影响心理机制的？在拓宽关注、聚焦激发动力的基本机制之后，我们得再次缩小范围，深入研究个体思想。我们利用的是斯坦福大学教授、当代最具影响力的心理学家之一卡罗尔·德韦克（Carol Dweck）的开创性研究。

再谈"天才神话"

正如你我所见,"天才神话"的思想根基是,最终决定我们是否有天赋实现卓越的是先天才能,而不是后天练习。这种错误观点的破坏力之大,你我都已经见识过了——个人会丧失通过后天努力提升自我的激情:如果成功只眷顾那些基因优良的人,我们为什么还要费时费力地寻求进步呢?

1978年,德韦克提出了这样一个问题——"天才神话"的危害到底有多大?认定天赋占首要地位的想法会破坏我们行为中的闪光点吗?会定义我们理解和应对挑战的方式吗?这一观点是会默默地待在幕后,在智力层面发挥效用,还是会逐渐渗入我们的所思所感与所行?我们对天赋的看法能决定我们是在卓越之路上持续前进还是半途而废吗?

德韦克的实验本身简单明了。她和另一位研究员同事选取了330名五年级和六年级学生作为研究对象,让他们填写一份调查问卷,看看他们对天赋,尤其是智力持怎样的看法。德韦克把那些认为智力是由先天基因决定的学生,即"天才神话"的支持者,称作"固定型思维模式"组;而那些认为后天努力能够提升智力的学生拥有的则是"成长型思维模式"。

然后,他们让学生们解答一系列问题,前8个很容易,接下来的4个几乎无解。在孩子们费劲解题的过程中,出现了两种截然不同的状况。

德韦克对固定型思维模式组("天才神话"的认同者)面对难题的反应描述如下:

> 也许该组最令人大跌眼镜的就是,没过一会儿,他们就开始轻视自己的能力,因为解不出难题而责怪自己智商太低,说的都是"我想我还是不够聪明","我记性向来不好"或者"这种事我最不擅长了"。
>
> 同样令人瞠目结舌的是,片刻之前,这些孩子还一路连胜,他们的智力

和记忆力都正常运转。而且，之前几连胜的时候，他们的解题水平和以熟练为导向组（即成长型思维模式组）学生一样优秀。尽管如此，刚碰到难题没几分钟，他们就丧失了信心，觉得自己太笨了……

他们中的三分之二所用的解题策略明显退化，超过一半的孩子索性开始乱做一通……简言之，该组中的大部分学生都放弃解题了，失去了调用自身有效解题方法的能力。

成长型思维模式组的孩子们表现如何呢？德韦克表述如下：

我们看到，无助的固定型思维模式组的孩子在遭遇失败时，会责备自己智商太低。面对同样的情况，以熟练为导向组（成长型思维模式组）的孩子又会怎样责备自己呢？答案令我们大吃一惊——他们没有责备任何人。他们的关注点不在自己为什么会失败。实际上，他们甚至都不觉得自己失败了……

他们表现如何呢？有了乐观向上的态度，该组的大多数学生（超过80%）在面对难题时都能保持甚至提高自己的解题能力。实际上，整整四分之一的孩子都有所进步。他们调用新方法，用更复杂、高级的策略解决新难题。有少数几个人甚至解出了超纲题目……

因此，虽然在开始那几道题上，他们表现得不如固定型思维模式组，但最终结果是他们更胜一筹。

这一发现充满了戏剧性，简直非同寻常。再次重申一下：这种呈两极分化的实验结果和智力与动力没有一点关系。实际上，德韦克可以百分之百确定的是，所有孩子受到的鼓舞和激励是一模一样的，个人调用的天赋能力也是等同的。

实际上，致使两组孩子表现水平出现差距的因素与智力和动力完全不相干，而是他们各自的信念和思维模式。那些坚信后天努力可以提高能力的孩子，不但迎难而上、坚持不懈，而且真的在此过程中有所进步；而那些相信"天才神话"

的孩子则后退到一种心理上的无力状态。

为什么差别会如此之大？试想一下两组学生的思想活动。这个测试是检验他们智商高低的，两组都对此心知肚明。到这一步时，一切都还好。但是，固定型思维模式组想多了：他们认为该测试还能测出他们将来会有多聪明。

我们是怎么知道他们有这种想法的呢？因为，根据"天才神话"的定义，他们坚信智力是先天决定的。因此，他们觉得，该测试不仅是一项逐渐发展的能力的写照，而且代表着永不改变的智力水平。难怪他们会视失败为灾难，觉得失败耗光了他们的创造力，会损害他们日后的表现；难怪他们会想方设法地避免挑战，即便挑战会令他们成长。

也许，1999 年对香港大学大一新生所做的一项调查研究最能说明固定型思维模式的害处。香港大学所有课程都用英文授课，但是新生的英语水平参差不齐。因此，德韦克和研究员同事找来一组英语水平有待提高的学生，发给他们一份调查问卷，把他们分成固定型思维模式组和成长型思维模式组。

然后，研究人员问学生们是否有兴趣参加英语补习班。这个问题的答案应该很简单，但凡有理智的人都不会拒绝这个提议，因为这是个提高大学生必备的最重要技能的好机会。但是，那些思维模式固定的学生拒绝得干脆、彻底。那些已经能讲一口流利英语的学生自然没什么好学的，也不会对这种补习课程感兴趣，而这些思维模式固定的学生也持一样的态度。仅仅是为了避免可能出现的失败，他们就不惜错失良机。

而那些成长型思维模式的学生，正如你所料，对这门课表现出了超高的兴趣。

德韦克说："在成长型思维模式者看来，当你暗地里担心自己手里的牌是一对十时，不需要说服自己和他人相信你拿的是一副同花顺。你手里的牌只是个开始……虽然人们生来不同——包括最初的天赋、习性、兴趣和性情，但后天的努力和经历可以使之改变，进而有所进步。"

再看看上一段，你是否并不感到陌生？因为这近乎完美地概括了到目前为止我们从本书中了解到的有关专家级水平的一切内容，几乎算得上是安德斯·埃里克森的原话了。从中我们可以知道，成长型思维模式个体对天赋本质的认识确实是有理有据的。

现在，保持这种想法，思考另一个例子：还记得荒川静香吗？那个从胸怀大志的小女生到大名鼎鼎的花样滑冰奥运会冠军的女孩？一路走来，她跌倒了不下两万次。重审她的事迹，我们发现一个没有问过的问题：为什么？为什么有人能够承受这些艰难困苦？为什么她能屡败屡战，越挫越勇？为什么她没有半途而废，转行干别的？

德韦克的实验研究把答案呈现在了我们面前：因为在她眼中，跌倒不是失败。她的思维模式是成长型的，因此在她看来，跌倒不仅仅是提升自我的手段，更是她在进步的力证。失败不会使她一蹶不振，干劲全无；相反，失败提供给她一个学习、进步和改变的机会。

这个道理也许有些不可思议，但它正是大多数顶级运动员的思想体系的核心所在。记得迈克尔·乔丹在耐克的一则著名广告里说过什么吗？"我投篮失手的次数不下900次，输了近300场比赛，有26次辜负了大家的信任，没能投进制胜一球。"

好多人都对这段自白感到不解。但是，对乔丹这个证明了成长型思维模式如何发挥效用的鲜活案例而言，这条广告迫切地表达了一个深刻的事实：要想成为有史以来最伟大的篮球运动员，你必须坦然接受失败。"与生理优势相比，坚定的意志和成熟的心智更能发挥强有力的作用，"他说，"我总是这样说，也一直坚信这一点。"美国大发明家托马斯·爱迪生也持有这样的观点："如果我试了一万种方法都不奏效，这不算失败，我也不会气馁，因为每一次失败都是朝成功又近了一步。"①

设想一下，有两条人生道路：一条归于平庸，一条通向卓越。对平庸之路，

---

① 剧作家塞缪尔·贝克特（Samuel Beckett）在其中篇小说《向着更糟去呀》（*Worstward Ho*）也阐述了这一事实："你努力过，却失败了，这没关系。你屡败屡战，每次失败都错得比上次更有技巧。"

我们都了解些什么呢？——这条路平坦、笔直，我们可以打开自动驾驶悠然前行，一切都轻松愉快，顺利平稳，毫不费力。最重要的是，一路上没有跟跄和跌倒，可以直达目的地。

如果你走的是这条路，那么你的思维模式是哪种几乎无关紧要。不管是固定型还是成长型思维模式者，都会开心快乐地朝着目的地前进，不会遭遇任何难题。没人会一马当先，也没人会落后掉队。大家都能提前归于平庸。

但是，通向卓越的道路就截然不同了——陡峭险峻，使人精疲力竭。漫漫长路上，需要至少一万小时呕心沥血的辛勤耕耘，你才能登上顶峰。最重要的是，一路荆棘密布，因此每一段单程道路上都会有赶路人跟跄跌倒的身影。

我们是怎么知道这一点的呢？因为这是目的性练习的定义性特征，不经历这些，将无法成就卓越。成就卓越需要我们努力伸手去拿现阶段还无法碰到的东西，需要我们尽力解决暂时超纲的难题，需要我们一次又一次地与成功失之交臂。悖论就在于，失败是卓越的必经之路。

结果不言自明。成长型思维模式与卓越之路完美契合；固定型思维模式则适用于平庸之辈。虽然令我们茅塞顿开的"灵光"有时神秘难解，迷失在深不可测的思想之谜中，但有一点是可以确定的：如果你选择追求卓越，那你最好养成成长型思维模式。为什么？因为对固定型思维模式者而言，第一次看到失败的苗头，"灵光"就灰飞烟灭了。

但是，我们真的能控制自己、孩子和学生们的思维模式吗？中了"天才神话"的魔咒之后，你还能彻底将其抛诸脑后吗？

语言的力量

1998 年，卡罗尔·德韦克和同事找来 400 个五年级学生，让他们解几道简单的智力题。随后，每个学生都会拿到自己的分数，外加一句 6 个字的表扬话。一半学生被夸智商高:"你一定很聪明!";剩下的一半则被夸很用功:"你一定很努力!"

德韦克想知道,强调的侧重点有细微差别的简单赞扬,能否对学生的思维模式产生影响,能否影响他们看待成败的态度,能否对其毅力和表现水平产生巨大影响。

研究结果令人惊叹。

第一场测试后,学生可选择接下来测试的难度。被赞智商高的学生中,有三分之二都选择了较容易的测试,因为他们觉得难度较高的测试可能会失败,他们不想冒险失去"聪明"这个标签。而被赞用功的学生中,90%都选择迎难而上,因为吸引他们的不是成功,而是迎接对自己颇有裨益的挑战。他们只希望以此证明自己有多么用功。

接下来,学生们接受了超高难度的测试,没有人能解出答案。但同样的情况发生了,两组学生应对失败的反应截然不同。"聪明组"学生把失败解读成自己终究还是不擅长解智力题的铁证,而"努力组"学生则坚持奋战,乐在其中,自信心没有遭受任何打击。

最后,实验兜了个圈回到原地。研究人员让学生们再参加一次测试,题目难度和实验最开始时相同。结果怎样?在题目难度等同的情况下,"聪明组"成员与一开始相比,解题水平下降了20%;但是,"努力组"的得分却增加了30%——实际上,失败激励了他们。

第一场测试结束后的简短评语造成了两极分化的局面。

研究结果令德韦克和她的研究员同事跌破眼镜,因此,他们选取全美不同地区、不同种族的学生作为实验对象,又将该实验进行了3次。这3次实验结果完全一致。"这是我见过的最清晰明了的实验结果之一,"德韦克说,"夸孩子聪明会打击他们的积极性,不利于他们发挥正常水平。"

原因不难查明:被夸智商高后,被表扬者会把自己定位成固定型思维模式者,他们会觉得重中之重是智商,而非能够提升智商的后天努力;被赞智商高还

第4章 神秘的动力机制与改变人生的思维模式 | 95

使得他们不惜放弃实打实的学习机会，只接受一些简单的挑战。"人们大脑中的一切思想活动都是思维模式决定的，"德韦克写道，"思维模式指导整个思维过程的进行。"

看看下面这几句话，夸奖的对象都是聪颖的天资：

"你这么快就学会了！你真是太聪明了！"

"瞧瞧那幅画！玛莎，咱们的儿子简直就是下一个毕加索！"

"你太聪明了，没学都能拿优秀！"

这些话听起来充满了支持和鼓励，全是些加油打气的内容，似乎应该对学生甚至所有人这么说才好。现在我们看看被表扬者的心理活动是怎样的：

要是我没法快速学会某项技能，那就说明我太笨了。

我不应该挑战难度较高的画，因为要是搞砸了的话，他们就会觉得我根本不是下一个毕加索。

我还是别学了，要不他们该觉得我没那么聪明了。

这些例子都选自德韦克所著的《终身成长》(Mindset)[①]一书。这本书表示，我们应当用这种全新的方法和学生、志在夺冠的运动员甚至所有人进行互动——我们应当称赞一个人很努力，而不是很有天赋；我们应当强调勤能补拙；我们应当教导自己和他人，把挑战看作学习的机会而不是威胁，把失败看作进步的阶梯而不是对缺陷的控诉。

那么，一个学生刚刚轻松、快速地解了一道题，如何夸奖他才比较合适呢？他不费吹灰之力就把一件事做得又快又好，如何夸奖他才能避开天资这一

[①] 本书已由后浪出版公司策划出版。——编者注

雷区，把重点放在努力用功上呢？德韦克的建议如下："当遇上这种情况时，我会说：'哎呀，这太简单了。抱歉浪费你的时间了。我们干点儿你能从中学到东西的事吧！'"

德韦克的研究成果影响深远。许多教育家都认为，降低标准会提升学生的自尊心，最终其学术水平会得到提升。实际上，在20世纪七八十年代的大部分时间里，美国和整个欧洲的教育机构都持有这种教学理念，并且现在还是会受到该理念的影响。

不过，现在可以明确的一点是，尽管是出于好意，但降低标准这种教育理念是具有慢性破坏作用的。"它和过度夸赞学生天资聪颖如出一辙，"德韦克写道，"起不了什么作用。降低标准只会降低教学质量，学生们会觉得完成简单任务也理应得到盛赞。"

卓越大本营

在位于美国佛罗里达州西部的尼克·波利泰尼网球学校（Nick Bollettieri Tennis Academy）的一号网球场上，一个身穿泡泡糖粉色衣服的8岁女孩正在用力击球。一个铁网容器里盛满了网球，教练从里面拿球、喂球；女孩双手反手击球，强劲有力，顺势随球像跳芭蕾舞一样旋转了半圈。

教练下令开始下一轮训练，这次向女孩的正手喂球，同时给予指导，告诉她节奏和手法的重要性。网球有规律地一个接一个飞过网，但时不时会被打断，这样教练才能着重强调个别要点，例如，"球拍不要握太紧"或者"想清楚方向再击球"。小女孩眉头紧锁，全神贯注，脸颊上布满汗水，热得喘不过气来。

所有场地都上演着相似的场景，一直延伸至遥远的尽头，就像是一个满是镜子的房间，似乎要将画面永远定格在这一刻。于是，过不了多久，人们便不再对眼前的场景感到震惊——一个还没立着的球拍高的孩子居然能如此有力地挥拍击球。

自从 1978 年尼克·波利泰尼网球学校在佛罗里达西海岸落成以来,"波利泰尼"就成了卓越的代名词。但在场地里走了几圈,观察了室内和室外环境后,我发现这所学校之所以能在众多网球中心中独树一帜,靠的不是高水平的教练指导,而是学员积极向上的态度。

在这里,所有孩子都全身心地投入训练;参加体能训练对他们而言是一种特权和荣幸,而不是麻烦事;他们好好吃饭,把食物视作能为身体提供能量的燃料。这和国际上的其他网球中心截然不同。其他中心的学员也的确热衷于努力练习,但是不像这里的学员这样如饥似渴,不会令你如此印象深刻。

为什么会存在这样的差别?我想看看年近八旬的波利泰尼是如何上室内球场指导课的,以找寻答案。果然,谜底揭晓了。虽然他没听说过卡罗尔·德韦克,更没听说过她的"称赞"实验,但是他的一言一行都与德韦克的实验结果完美契合,帮助学生建立起成长型思维模式。

波利泰尼称赞学生刻苦努力,而不是天资聪颖;他抓住一切机会肯定练习的决定性作用;每次打断练习、给予指导时,他都会反复向学员灌输刻苦练习是重中之重的概念。而且,在他眼中,失败没有好坏之分,只是一个提升自我的机会。"没关系,"当学生正手击球有些拖泥带水时,他说,"你的路子是对的,没犯错;这样击球是对的。"

波利泰尼颁布了一条培养法则,网球学校的所有教练都必须签名以示同意,法则如下:"每一分辛勤耕耘都会有所收获,无论结果如何。因为这无关胜利与失败,重要的是努力的过程。预测未来的最佳方式就是创造未来。因此,我坚信我们的训练方法是最棒的!我们能够帮助每一名运动员实现梦想和目标,最终在体育和人生的竞技场上发挥应有的能力水平。"

这简直一语道破了"练习成就卓越"的玄机,动之以情、晓之以理地激发了学生的成长型思维模式,你很难再找出第二段如此简明而有说服力的叙述了。也难怪尼克·波利泰尼网球学校培养出了那么多著名的网球世界冠军——安德烈·阿加西、吉姆·考瑞尔（Jim Courier）、玛蒂娜·辛吉斯（Martina Hingis）、玛丽亚·莎拉波娃（Maria Sharapova）、安娜·库尔尼科娃以及耶莱娜·扬科维奇（Jelena Jankovic）。

在德韦克的"称赞"实验中，我们见证了夸奖学生努力刻苦而不是天资聪颖有助于他们形成成长型思维模式，且成果显著。但是如果实验继续进行，问题就出现了，德韦克说这些成果相对短暂：如果放任自流，还没等到研究人员再次称赞学生们刻苦努力，他们就会恢复其固有的思维模式。

让成长型思维模式落地生根的唯一方法就是对刻苦努力持续不断地赞扬，但是在这样一个"天才神话"深入人心的世界里，做到这一点并不容易。然而，波利泰尼网球学校告诉世人——当我们持续不断、满腔热情、坚持不懈地强调成长型思维模式的重要性，当这一概念深深渗透到学生的潜意识中，改变了大脑的"原有设置"，结果会大不相同。

"你知道为什么这个地方会这么成功吗？"波利泰尼和我坐下来探讨他的教学理念时慢吞吞地说："因为所有孩子在离校时思维模式都发生了巨大的变化。也许，刚来学校时，他们觉得自己可以一路顺风顺水，功成名就，但很快他们就认识到，不努力终将一事无成，然后他们便会严守纪律，对自己的一言一行负责。正是这一点使他们最终超越了其他人。"

在波利泰尼网球学校待几天后，你就会发现，在潜移默化的过程中，学生们在潜意识里逐渐理解、最终接受了成长型思维模式这一重要理论，一场变革的大戏已在他们的脑海里落幕。在这里待上几周，你便会觉得莫名地精神抖擞，开始觉得自己的思维模式也逐渐向成长型倾斜。

在这一点上，波利泰尼网球学校并不孤单，这样的卓越大本营还有很多：成长型思维模式已经深深根植于世界各地的文化当中；在这些地方，刻苦努力和卓尔不群之间的因果关系在一代又一代人身上得到了一次又一次的论证。

传说中的北京国家体育中心是中国国家乒乓球队的大本营。这幢灰色混凝土建筑坐落在一个受到严密保护的建筑群里,离天坛不过几百米远。其外观和北京的其他建筑没什么差别,但其内部则热火朝天地进行着训练活动,这是练习具有巨大力量这一真理的忠实写照。一层一个训练组:女子少年组、男子少年组、女子青年组和男子青年组。每个房间里都有几十张球台,有几十名运动员在练习。他们在挥拍击球间挥洒汗水,使优秀成为一种习惯,这里的正能量足够点亮整座城市。

在这幢大楼里,你肯定能深刻感受到,中国国家乒乓球队的训练强度、专注程度比世界上其他所有球队都高,他们自己也更相信奖牌是用汗水换来的这个道理。在这里,每一名运动员的思维模式都倾向于成长型,整幢大楼都弥漫着这一思想理念。

"这种训练基地威力巨大,"杰出的体育科学家、2008年北京奥运会英国辉煌成绩的缔造者彼得·基恩说,"我们为英国国家队设立了一个明确的目标,即努力将训练基地打造成以提升个人水平为主的地方,令志在夺冠的运动员在潜移默化之中受到这一理念的影响。我敢肯定,英国自行车队在北京奥运会上取得的辉煌成就——斩获8枚金牌——与其训练基地的文化理念是分不开的。"

该训练基地是位于英格兰西北部工业城市曼彻斯特郊区的一幢大楼。这是个单调乏味的地方,周围几英亩都是硬邦邦的混凝土,毫无美感可言。刚下出租车时,你会有些失望,甚至会有些恼火。但当你走进大楼,和教练与运动员交谈后,你便会开始感受到这里的魔力。你能感受到这里的文化,这里几乎每个人每一句话的每一个音节都在表达"刻苦练习具有决定性力量"这一理念。

"我坚信世界顶级水平源于成长型思维模式,"基恩说,"我国许多杰出的自行车运动员起步时先天优势并不明显,但是后天的勤奋令他们突飞猛进。也许,任何机构最核心的任务都应该是激励学员采用成长型思维模式。当这一教育理念深深根植于我们的民族文化中,结果将是激动人心的。"

不过,既然基于成长型思维模式构建的竞技体育卓越大本营能够培育出世界顶尖的运动员,那么,鼓吹固定型思维模式的地方又会是什么样子呢?如果一个机构或是一种文化刻意强调"天才神话",会是怎样一番情景?该机构或文化会做何表现?它的学员又会表现如何?

回答这个问题之前,我们来看看德韦克"称赞"实验的最终结果。德韦克告诉其中一个实验小组对象,她将在其他一所学校进行同样的实验,那里的孩子可能会想听听"过来人"的想法和意见。她给该实验小组的每个学生一张纸,让他们在上面记下自己的想法,另外在一块空白处记下自己答对了几道题。

德韦克发现,"努力组"几乎所有学生都如实记录了自己的得分情况,只有一个孩子改了分数。而在"聪明组",没说实话的孩子竟占到了 40%。"对他们而言,表现优异太重要了,他们觉得必须加以粉饰,才能令素未谋面的同龄人刮目相看。"德韦克说。

天才当道

2006 年 10 月 23 日,杰弗里·斯基林(Jeffrey Skilling)坐在休斯敦联邦法庭里,等待法官对他在安然破产案中扮演的角色做出判决,这次破产是当代历史上最发人深省的企业失败案例。这位前任首席执行官十分机智地选择了深色西装配深色领带;他面色严峻,仿佛是在沉思未来。他的律师团队在一旁坐立难安。

法庭所在的整条街和整个街区都被围得水泄不通:新闻主播准备好了麦克风和耳机;报社记者手拿笔记本和手机;一些安然员工——其中许多人的养老金都因为这次破产而泡汤——来回踱着步,想第一时间听到审判结果。

斯基林完成了被告陈述——他依旧在为自己辩白,接着,那些因为安然破产而生活被毁的人也进行了陈述,然后,法官命令斯基林起立。"以上证据表明被告再三欺骗包括安然员工在内的投资者,未对其讲明公司交易方方面面的真实情况。"法官说。接着宣读了判决结果:刑期为 292 个月。斯基林的第二任妻子,曾经在安然公司做过秘书的丽贝卡·卡特在听到判决结果时失声痛哭。

斯基林的审讯过程吸引了大量公众目光，但即使是金融评论家也很难一字不差地记下所有罪证。当初，公司高管们为了向股东和各大金融市场隐瞒公司大难临头的实情，用尽了复杂到令人晕头转向的金融骗局，法庭上的大部分时间都用来分析这些证据了，尤其是其中的两个花招。法庭试图破解这一业界大亨不为人知的交易活动。此前安然曾经是世界上最重要的公司之一，而现在却像空中楼阁般倒塌了。

第一个策略叫按市场计价法会计，安然借此营造了账面获利丰厚的假象。这种会计法不代表实际入账的现金数额丰富，而是建立在对未来收入的估价上，意味着未来可能有收入，也可能没有。另一个策略是对特殊目的实体的利用。特殊目的实体是指专门建立并独立运作的合作伙伴关系，安然能凭借该关系大笔借钱，而且公司账目上不会显示负债信息。在倒闭之前，安然已经建立了三千个特殊目的实体。

法庭花了好几天时间，试图解开这些机制是如何运行的，却没花同样的精力认真考虑一下，这些长期蒙蔽投资者和股东双眼的财务操纵可能根本不是问题所在，而仅仅是一个更深层次痼疾的症状而已。实际上，它们是企业文化作用的结果，该文化以缓慢却不可阻挡之势将这家有着2.2万名员工的企业引上了一条毁灭之路。

2001年，来自全球最大、最有声望的咨询管理公司——麦肯锡的三位高级主管出了一本书，名叫《人才争夺战》(*The War for Talent*)。该书总结了麦肯锡成功哲学的核心内容——在商场上，最终一决胜负的是人才；纯粹的逻辑推理能力远比特定领域内的相关知识重要得多。

"有的人天生就是当运动员的料，生来就有着百分百的运动天赋，"一位高管对该书作者说，"虽然很多人不能理解，但你需要大胆扶持那些没有专门领域经验的运动员。"作者坚持认为，商场上的成功需要"天才型思维模式"——"这种根深蒂固的思想认为，想要在竞争中胜出，一家公司需要在各个层次上都拥有表现更突出的天才员工。"

尽管麦肯锡的这套理论在美国商界挑起了一场大论战,但有一家公司认准了这一成功哲学,忠心耿耿地将其发扬光大。马尔科姆·格拉德威尔在为《纽约客》撰写的一篇文章中谈道:"是安然公司和麦肯锡进行了 20 个项目的合作,每年和麦肯锡的账目往来高达一千万美元,麦肯锡董事会定期参加安然公司董事会议,其实,安然公司的首席执行官就是麦肯锡公司的前合伙人……安然才是终极的'天才'公司。"

也许最能概括斯基林高度追捧天才哲学的典例就是,申请哈佛大学商学院时,面试他的教授问道:"你觉得自己聪明吗?"斯基林自豪地答道:"太他妈聪明了。"

安然公司求贤若渴,并只面向顶级的商学院招贤纳士。不仅如此,安然极其重视公司的中坚力量,把他们当成超级明星。每年公司都会给业绩最佳的前 15% 的员工包大红包,辞退业绩垫底的 15% 的员工,员工们将其称作"评级与封杀"。公司眼中的"天才员工"可以"为所欲为",随心所欲,想升去哪里就去哪里,好像凭借过人一等的推理能力,他们就能变魔术般地为公司创造利润一样。

"人事自由流动对我们公司而言是必不可少的,"斯基林对《人才争夺战》一书的作者表示,"这种制度不仅令每一位管理者斗志昂扬,也俨然成为一种企业文化,令所有管理者如鱼得水。"这样一来,安然公司因为升迁而产生的年人员流动率接近 20% 也就不足为奇了——明星员工升职加薪,平步青云,挖同行墙脚的行为也受到了鼓励。

安然公司的这套理论漏洞百出,以下两个相互独立的原因可以说明这一点。首先,尽管受到了麦肯锡的强烈追捧,该理论的大前提——天赋比知识更重要——是错误的。本书第 1 章就讨论过,在任何领域,无论是竞技体育还是商业,成功决策靠的不是天赋,而是深厚的专业知识功底,只有深入练习才能造就这种知识体系。

但这种策略的危害还体现在另一种不易觉察的方面。安然公司的核心价值观不但以一种看不见的方式逐渐破坏着生产力，而且塑造了一种特殊的企业文化——鼓吹天才，不重视员工的个人发展；对学习能够提升个人能力的观点嗤之以鼻。这种企业文化是在鼓励培养固定型思维模式，最终令其根深蒂固。

对此，德韦克写道：

安然公司招聘的都是天赋异禀的人才，多数都是名校毕业的高才生，这本身没什么不好，付给他们高薪酬也没什么不妥。但把全部赌注都押在天才员工身上是安然的致命伤：崇尚天才的企业文化应运而生，员工们被迫将自己伪装成天才。

从根本上讲，他们被迫养成了固定型思维模式，关于这一点无须多言。我们都知道，固定思维模式者不会承认自己存在不足，也不会改正缺点。

还记得给港大学生做的那个实验吗？因为在内心世界，他们害怕当众出丑，所以他们拒绝接受英语提升课程，而这种机会对其大学教育有着巨大的帮助。还记得"聪明组"近40%的学生虚报了自己的测试结果吗？固定型思维模式使他们认为公众无法接受他们真实的测验结果。

现在，回想一下按市场计价法会计和特殊目的实体这两个伎俩。想想看，安然不惜花好几个礼拜在季度报告上做手脚，就为了"报喜不报忧"；员工们极度害怕承认自己犯了错，恐怕会因此被划入天生蠢笨的行列，最终因此被辞退。固定型思维模式就是这样影响和定义公司上下的主管和员工的。

对此，格拉德威尔写道："他们本来不是骗子……只是身处一个'只以天资论英雄'的环境中，他们变得身不由己。他们逐渐开始用这一标准定义自己。然后，当困难来临，自身天赋异禀的形象受到威胁时，他们便无法坦然面对结果；但也不会采取补救措施，更不会勇敢地面对投资者和大众，承认自己犯了错误。他们宁愿撒谎。"

花园里的小棚屋

2002年7月，我应吉迪恩·阿什森（Gideon Ashison）的邀请，前往伦敦西南部。作为乒乓球教练，阿什森的个人履历十分精彩，他帮助广大青少年投身于运动事业，不再在街上闲晃，远离了犯罪。"我想介绍一个孩子给你认识，"阿什森告诉我，"他叫达里尔斯·奈特。"

阿什森带我走进他朋友家后花园里的一个小棚屋——狭窄昏暗，但刚好够放一张乒乓球台。棚屋里，奈特和阿什森队里的另一个少年正在紧张地训练着。

为什么选在这个小棚屋里训练呢？原因很简单：阿什森和奈特都负担不起条件更好的训练场地；奈特出生在一个犯罪猖獗的地方，他的父亲在抛妻弃子前是个毒贩。所以，对奈特而言，小棚屋是一条绝佳出路。另外，这里还有一大优势：全天24小时都能使用。

每天下午放学后，奈特都会从城镇的另一端坐公车横跨8千米，再步行20分钟来到这间小棚屋，在阿什森的指导下训练一小时：磨炼球技，学习步法，练习发球。在我到小棚屋里看他打球之前，他的球技已经十分了得，在他出身如此贫寒的情况下更显得难能可贵。

接下来的几周里，我对奈特赞不绝口：我在我的报纸专栏里写他，给朋友和英国乒乓球协会介绍，几乎是逢人就讲。结果，这一系列举动引起了巨大反响。短短几个月的时间里，奈特就被选中，去诺丁汉的高级培训中心学习：突然间，他发现身边全是先进设备、顶级教练、专门的后勤人员，就连训练课程和比赛时间表都是量身定做的。

用他当时的话说，就是美梦成真了。

但是，奈特也发现身边有些东西变了味：他进入了一种新的赞赏模式。在之前的训练中，阿什森向来只夸他努力、用功——这是阿什森的强项所在。虽然他的专业知识有限，但是他知道如何培养学员的成长型思维模式：鼓励他们勤奋练习，强调个人责任感，引导他们视失败为机遇，而不是对其能力的指摘。他手下年轻学员的训练强度在英国乒乓球界无人能敌。

但在诺丁汉，作为英国乒乓球界最炙手可热的新宠，奈特听到的都是对自己多么天赋异禀的夸赞：能在这么短的时间里取得如此成就是多么了不起，他简直就是为打乒乓球而生的。在众多"天资型"称赞中，我的声音是最大、最鲁莽的（那时我还没读过德韦克的相关研究）——"乒乓球仿佛根植于他的基因中，"我在《泰晤士报》上写道，"得此天赋，前程必定一片光明。"

没过多久，奈特就开始退步了。他的训练强度大不如前（我天赋异禀，成功来得毫不费力，我为什么还要努力训练呢）；他开始有意避开大型比赛（要是输给水平不如我的对手，我就会失去"天才球员"的称号，那我为什么要冒这个险呢）；他甚至开始在比赛结果上做手脚（诚实可能会让如滔滔江水般绵延不绝的称赞声减少，那我为什么还要坦诚呢）。

从各个角度看，奈特的故事都是发人深省的，但最重要的一点是，这是一个关乎思维模式的寓言故事。当奈特在简陋的小棚屋里训练时，他以迅雷不及掩耳之势飞速进步，这是因为在正确的思维模式的指导下，他带着赤裸裸的热情，如饥似渴地刻苦训练，坚持不懈地提升自我。

但当他进入欧洲最富声望之一的训练学校学习时，他停滞不前了。尽管坐拥所有你能想象到的优势，但这些毫无价值，因为他的心境变了：他所有的关注点都放在了"天赋"上——希望自己看起来很强，害怕失败，不愿刻苦训练。

现在，奈特又重回正轨了。他是如何做到的呢？因为负责运动表现的丹麦裔主任斯蒂恩·汉森（Steen Hansen）发现奈特的问题不是技术上的，也不是战术上的，而是心理上的。他的思维模式有问题。

汉森告诉教练要遵循德韦克"处方"：称赞奈特刻苦努力，而不是天赋异禀；鼓励他接受失败，并借此认识到自己还存在进步的空间；赞扬他的个人水平得到了巨大提升。从那时起，奈特的竞技状态突飞猛进，在欧洲范围内的排名几乎达到其年龄组的第一。他会成为2016年奥运会冠军吗？可能会，也可能不会。

不过，可以确定的一点是，奈特现在具备了一项最重要的素质——成长型思维模式。该思维模式不但影响了他对乒乓球的态度，还影响了他的生活态度——他如何对待恋爱关系、承诺与奉献，如何肩负对朋友、队友以及赞助商的责任。面对挑战，他不再躲躲闪闪；他不再因为失败就停止努力前行的脚步。最近，奈特告诉我："思维模式就是一切。"

作为一名乒乓球运动员，他进步了不少；作为人类，他更是成长了不少。

第二部分

思维悖论

第 5 章　安慰剂效应

沙丁鱼罐头

2000 年 9 月 25 日，乔纳森·爱德华兹（Jonathan Edwards）一路杀进悉尼奥运会三级跳远总决赛。作为世界纪录的保持者，这名来自英国的常胜将军的参赛经验十分丰富，因此深知期望是个可怕的东西。他做了个深呼吸，从体育场内部的运动员入口入场。

爱德华兹运动包里的装备和其他一流运动员没什么差别：钉鞋、备用衬衫、毛巾、特饮。不过，背包底部安静地躺着一个独一无二的东西：一罐沙丁鱼罐头。为什么要带沙丁鱼罐头呢？多了解爱德华兹的一些个人信息，你就会明白了。

爱德华兹不仅仅是最受英国人民爱戴的运动员之一，他还是一名重生基督徒。在其运动生涯早期，他拒绝参加周日举行的一切比赛，错过了很多顶级赛事，包括 1991 年的世界锦标赛。只有在和教友进行一番长谈，确信在安息日参加比赛是"上帝的旨意"之后，他才会去参赛。

但即使他参赛的足迹遍布全球且声名远播，在他成为史上最杰出的三级跳远运动员后，他依然继续传播着教义，劝说人们相信耶稣。对爱德华兹而言，竞技体育无关成败，当然也无关个人的利益和荣耀。更确切地说，体育帮助他创造了一个传播福音的平台。在参加悉尼奥运会之前，这个平台已经有相当大的规模了。

所以回到刚才的问题上，为什么要带沙丁鱼罐头呢？因为在《马太福音》第14章，耶稣创造了奇迹，给五千人提供了食物。

于是吩咐众人坐在草地上，就拿着这五个饼、两条鱼，望着天祝福，擘开饼，递给门徒，门徒又递给众人。他们都吃，并且吃饱了，把剩下的零碎收拾起来，装满了十二个篮子。吃的人，除了妇女孩子，约有五千。

这是爱德华兹最喜欢的《圣经》章节之一，他能够从中感受到力量和巨大的心理安慰。而沙丁鱼则象征着耶稣奇迹般地提供给大众的那两条鱼，沙丁鱼罐头是爱德华兹宗教信仰的物质象征。

爱德华兹走上赛场时，心中默默祈祷道："我把命运交到您手中了，一切听从您的安排。"几小时后，他以17.71米的惊人一跳斩获金牌，捍卫了自己作为英国最伟大的运动员之一的地位。

许多人都质疑过宗教信仰的合理性，例如，理查德·道金斯（Richard Dawkins）就在畅销书《上帝的迷思》（The God Delusion）中进行过相关论述。但是本章要论述的不是宗教信仰的合理性，更不会论述其真实性；更确切地说，本章将讲述不同信仰具有的影响力。

我们能否定宗教信仰的强大效果吗？

认为造物主一直与你同在，指引你前进的步伐，关心你遇到的困难，胜利时与你同享喜悦，失败时给你安慰，安排世界的运转方式，正如《圣经·罗马书》中所言，"万事都互相效力，叫爱神的人得益处"——所有这些想法一定会对运动员产生巨大影响，甚至对每个人来说都是如此。正如拳王穆罕默德·阿里（Muhammad Ali）所说的那样："真主与我同在，我怎么会输？"

阿里是在1974年准备和乔治·福尔曼（George Foreman）进行最后一战时说这句话的，但阿里自己的阵营里没有几个人相信他会赢得这场比赛。一方是宝刀未老的前世界冠军,另一方是后生可畏的年轻对手,双方实力悬殊,就连阿里战绩的忠实记录者诺曼·梅勒都担心阿里会在准备活动期间就丧失信心和斗志。但是,梅勒未把宗教因素考虑在内:有了信仰的助力,阿里怎么会沦为自我怀疑的牺牲品呢?

当然了,阿里和爱德华兹信奉的神不同。非裔穆斯林信奉的是W. D. 法德(W. D. Fard)教义。这位自称救世主的推销员宣称,主是神圣的存在,诞生于76万亿年前一颗旋转的原子,世界末日来临时,主会乘着车轮形的宇宙飞船来拯救黑人。而爱德华兹信奉的则是《圣经》里的上帝耶和华。

重点是,这两个信仰体系是相互矛盾的,因此最多只有一方是真的。换句话说,阿里或爱德华兹(或两者都)从错误的信念中受益匪浅。

我来到爱德华兹位于伦敦北部的家中拜访他时,他说的话恰恰证明了这一点。悉尼奥运会夺冠后,有几年时间,他的生活像坐上过山车般急转突变。退役后,他得到一份美差,担任在英国享有很高知名度的宗教电视节目《赞美之歌》的主持人。几乎每个周末,他都会前往各地教堂传教布道,全国各地的基督徒蜂拥而至,听他分享自己的信仰心得。

但是,恰恰在跋山涉水、献身宗教事业的过程中,爱德华兹遭遇了个人危机。"退役前,我从没质疑过自己对上帝的信仰,一秒都没有,"他告诉我,"但是退役后发生了一些事,连我自己都惊得跌破眼镜。很快,我认识到竞技体育对我个人身份的意义远比我想象中重要得多。我曾获得三级跳远的世界第一,但是突然间,一切都面目全非了。随着运动员身份的缺失,我开始质疑自己身份的其他方面,从此一发不可收拾。我的世界开始慢慢崩塌。"

"一旦你开始问自己'我怎么知道上帝真的存在'这样的问题,你就已经走上了无神论的道路。我为《罗马书》制作电视纪录片时,一些专家提出了这样一种可能性:耶稣在去大马士革的路上,可能是因为癫痫发作才发表了那些言论。这使我意识到,我之前都是未经分析就想当然地将宗教观点照单全收。理性思考后便会发现,上帝存在的可能性极小,这真是不可思议。最终,我不得不向自己坦白,我不再相信上帝了。"

爱德华兹的叛教事件令英国基督教社区地动山摇,也为他自己的家庭生活制造了麻烦。这是一定的,因为他的妻子是一名虔诚的基督徒,还好现在问题已经基本解决了。他辞去了《赞美之歌》主持人一职,以及教会里的许多其他工作。不过,彻底改变宗教信仰这件事使得他能够从一个独特的视角好好思考一下,宗教信仰对他的运动生涯产生了怎样的影响。

现在这些在他看来毫无客观依据的信仰,是否曾经在激烈竞技中助他拔得头筹?

"这是毋庸置疑的,"他说,"现在回头看看,我才明白信仰对我体育事业的成功是至关重要的。相信一些超越自我的事物,让我在心理层面上受益匪浅,即使该信仰是错误的。我能从中获得一种极大的心理安慰,因为我认为结果掌握在上帝手中,而上帝与我同在。这样一来,在跳远前的分秒之间,我能够排除疑虑,自信满满。所以,是的!信仰至关重要!"

如果一个无神论者都能证明宗教信仰具有巨大影响力,我们中还有谁会质疑他呢?

关键时刻的心理作用

开篇几章告诉我们,过人的技能是上万小时目的性练习后的结果。但是,单靠技能尚不足以取得成功。要想成就卓越,还需要一种在惨烈竞争的重压下,甚至在生计和自我价值感受到严重威胁的情况下发挥出最佳水平的能力。实际上,做到这一点绝非易事,这也正是卓越和平庸的分水岭。

我们很容易看到这样的例子:一流运动员能力超群,能够直面焦虑与恐惧,正视质疑与紧张局面;而水平次之的运动员一般则会惊慌失措,乱了阵脚。一流运动员在上千个小时的集训中练就了坚定的动作和周密的思维,这些深层次的复杂技能很容易在激烈的比赛氛围中迷失，而他们却在任何情况下都能保持完美状态。

泰格·伍兹从容淡定地从 12 英尺①外一杆进洞，卫冕美国大师赛，我们在他身上看到了这种素养；大卫·贝克汉姆让球绕过 30 码外的人墙，为英格兰队力挽狂澜，我们在他身上看到了这种素养；奥巴马在总统竞选辩论中面对炽热的电视闪光灯和上亿选民的目光，滔滔不绝地引经据典，毫不怯场，我们在他身上看到了这种素养。

他们是如何做到这点的？胸有成竹的自信是从哪来的？这种素养是可以习得的吗？

本章主要研究表现者的心理活动。我们将会寻根究底，深入探索卓越人士的思想，探讨他们在重压之下的所思所想和所作所为之间的关系。然后，我们将得出一个似是而非的结论——卓越者与平庸者的分水岭就在于，前者秉持着某些也许并不真实但有着极大助推作用的信念。

这便是爱德华兹和阿里成功故事的关键所在。他们中至少有一个人（或者两个人都）受益于错误信念。不过这些只是逸事趣闻。是否有深层证据表明，错误信念有助于我们获得积极的成果呢？

我们先从医学界入手，研究一下安慰剂效应——科学界最令人费解的现象之一。在本章的最后，我们将明白安慰剂效应给我们提供了一个棱镜，透过它，我们便能理解顶级运动员和其他领域的精英如何在关键时刻始终如一地发挥巅峰水准。

1944 年年初，同盟国军队在意大利北部的安齐奥发动突然攻击，结果一败涂地，美军在波佐利山洞里困了一个多礼拜。亨利·比彻（Henry Beecher）是一名毕业于哈佛的年轻医生，负责在滩头阵地的临时战地医院给不断涌入的美国士兵

---

① 1 英尺≈0.3 米。——编者注

治疗。

这场战役伤亡惨重,很快,麻药就用光了。因此,面对一个伤口开敞、急需手术的士兵,比彻让护士给士兵注射生理盐水而非吗啡。病人以为自己已经被注射了一定剂量的麻醉剂,身体后仰着,准备接受手术。接下来发生的一切令整个医学界都为之震惊。

比彻发现,生理盐水对这名士兵有安抚镇定的效果,而且他还能忍受手术过程中的巨大疼痛,就好像注射的是真正的麻药一样。接下来的几周里,比彻在许多受伤士兵身上观察到了同样的结果——每个病人对疼痛都有着奇迹般的忍受力,整个创伤外科手术过程中,他们静脉里流淌的除了生理盐水别无他物。比彻离开战地医院后,写了一篇名为《强大的安慰剂》的论文。

不过,比彻可不是惊讶于安慰剂效应的第一人。19 世纪 90 年代,在瑞士伯尔尼,外科医生特奥多尔·科赫尔(Theodor Kocher)在没有麻药的情况下成功进行了 1 600 台甲状腺切除手术。术前,他会小心行事,确保病人相信自己已经处于麻醉状态。身兼医生和科普作者的本·格尔达(Ben Goldacre)表示:"在麻药发明前,外科医生常常描述一些病人能够忍受手术刀切进肌肉的痛感,他们眼睁睁地看着自己骨头被切开,完全清醒,甚至不会咬牙。"

"也许,你比自己想象中要坚强。"格尔达写道。

不过,如果说这些例子是心理状态具有强大力量的明证,令人信服,那么,近年来对安慰剂奇效的揭示使得医生们开始从根本上重新思考大脑和身体之间的关系。

1972 年,研究人员进行了一项试验。他们让学生们服用一枚粉色或蓝色的药丸,然后听完整场讲座。他们告知学生们,该药丸不是兴奋剂就是镇静剂,但是没有指名兴奋剂与镇静剂的颜色(当然,两种颜色的药丸都没有任何药效)。实验结果表明,服用粉色安慰剂的学生与服用蓝色的相比,能更好地保持注意力集中。或者,换句话说,药丸的颜色发挥了关键作用。

进一步的实验研究表明,奥沙西泮——一种类似安定的药物——在治疗焦虑

第 5 章　安慰剂效应

症时，绿色药片更有效，而在治疗抑郁症时，则是黄色药片疗效更好。胶囊状的镇静剂利眠宁比药片状的效果更好。在降低血压、缓解头痛和其他病痛时，侵入性疗法——注射生理盐水比服用糖丸的效果好得多，尽管二者都没有任何已知的生理效果。还有一项实验对照比较了两种不同安慰剂疗法对手臂疼痛的疗效：一种是服用糖丸，另一种是对针灸的模仿。结果是，过程越精细复杂，疗效越显著。

所有这些都在向我们暗示安慰剂效应是如何发挥作用的。显然，安慰剂的强大力量和其药理特性没什么关系；确切地说，其效用完全源于错误的信念——这种药有用。但该信念不是空穴来风，它是一定文化环境下的产物。凡是使疗法更真实可靠的，创造出可信假象的，都会对病人的心理产生影响，使之在"被误导"的道路上越走越远，换句话说，就是坚信这种药有用。

毫无疑问，"药是由可信任的医生派发的"这一事实自然是影响安慰剂疗法可信度的因素之一，但还有无数其他要素。例如，在某些文化背景下，颜色与某些药效紧密相关：红色使人情绪激动，蓝色或白色令人冷静和缓。医药公司便有意利用了这一点。格尔达写道，兴奋剂多为红色或橙色，而抗抑郁剂多为蓝色，都是这种策略的表现。

包装也蕴含一定的文化内涵，可以增强安慰剂效应。研究发现，包装时髦花哨的阿司匹林药效要比包装沉闷无趣的更显著。当然了，阿司匹林不属于安慰剂，但重点在于，包装本身就能传递出一种安慰剂效应。价格也可以。行为经济学家丹·艾瑞里（Dan Ariely）表示，两款除了售价高低以外完全一样的止痛药，价格高的疗效更好。

我们再一次将这种现象归结于信念。很明显，我们更容易相信昂贵的药物疗效更好，人们常说："既然这么贵，肯定管用！"正如艾瑞里所指出的那样，能说出这种话也就意味着面对两种药理成分完全一样的药品，选择花更多钱买名牌而不是旁边货架上便宜的那款的做法是可以理解的。正是这种花大钱买贵货的举动使人们逐渐相信，价格高的药品一定有用，反之，便宜一定没好货。

这一现象的重中之重就在于，心智的强大力量是通过信念这一媒介发挥效用的，而且该信念正确与否、该错觉是如何产生的都不重要，只要成功建立了自己的信念就够了。不管是因为值得信赖的医生打消了你的疑虑，还是花哨的包装、高昂的价格、大肆宣传的广告与合适的颜色收买了你的心，或是药物强大的侵袭性、疗法的惯例流程或其他可能的要素使你建立了这种信念，这些都无所谓。就算相关证据是捏造的，或者压根没证据也无伤大雅。重要的是，病人相信这药有用。

宗教 = 安慰剂？

20世纪60年代，人们进行了一系列有关流行病学的开拓性研究。研究发现，有宗教信仰的人患心脏病的概率低于整体水平。起初，研究人员认为这和一些非宗教因素有关，譬如，拥有某种宗教信仰的人没有吸烟等不健康的生活习惯，而且他们的团体讲究互帮互助，压力能够得到释放。

但是，即使对上述因素进行了变量控制，进一步研究仍旧发现，信仰宗教者的身体健康状况比普通人好得多。科学界被迫接受了这个令人跌破眼镜的事实——宗教信仰的内涵及其本身能够带来实实在在的健康益处。[1]

不难理解，基督徒很快便开始大肆宣扬这一现象，他们宣告世人，上帝积极主动地将健康的好处分发给自己选中的子民。这一观点唯一的问题在于，人们发现宗教信仰的影响力已经超出了宗教派别的分界线。不光是基督徒，那些持有与《圣经》教义相矛盾的信仰的人——例如佛教徒和印度教徒——也因自身的宗教信念而收获了健康。

正如赫伯特·本森（Herbert Benson）在《心灵的疗愈力量》（Timeless Healing）一书中所说的那样："虽然我在本书中把'上帝'（God）一词的G大写了，但是希望读者们能够理解，我在这里指的是所有的神，包括犹太教与基督教

---

[1] 1996年，希伯来大学（Hebrew University）的杰里米·卡克（Jeremy Kark）及其研究员同事对以色列基布兹的一群宗教和非宗教人士的死亡率进行了一次开创性的研究，这次研究最终证实，宗教信仰能带来令人瞩目的健康益处。他们发现，基布兹无宗教信仰者的死亡率几乎是宗教信徒的两倍。"基布兹的宗教人士和非宗教人士在社会支持和社会交往的频率上没有差别。"卡克写道。

传统中共同的神，佛教、伊斯兰教以及印度教的传统神祇，包括所有的神和女神，也包括古往今来受到世界各地所有人类爱戴和敬奉的神灵。经过科学观察，我注意到无论你给自己所敬奉之物冠以何种名号，无论你皈依于哪个宗教派别，信奉神灵的结果都是一样的。"

从上个章节的上下文中不难看出究竟发生了什么——安慰剂效应再一次发挥作用了。不过这次，人们不是对糖丸的效力抱有错误信念，相信糖丸能治病，而是相信上帝拥有疗愈力量。而且，和糖丸一样，谁的信仰最狂热，谁就受益最多。

实际上，可以说宗教是终极安慰剂。与医生的权威不同，信仰的基础是权威的上帝——永无过失，无所不能。相信药物安慰剂有用是因为它广告打得响、包装时髦抢眼；而对上帝疗愈力量的信任则源于宗教典籍。而且，你的"上帝"实际上是真是假都无伤大雅（就好比糖丸的药理特性是否真实可靠都无所谓），只要你的信仰是真诚的就够了。

另外，许多宗教都在其神学理论体系内部积极激发了安慰剂效应。例如，《马可福音》第9章中，一名父亲带着生病的儿子来到耶稣面前请求治愈，说："你若能做什么，求你怜悯我们，帮助我们！"耶稣答道："你若能信，在信的人，凡事都能。"耶稣在《马太福音》中也表达过相似的观点："照着你们的信给你们成全了吧。"

《圣经》想要表达的是，上帝不为信徒的价值所动，而是为其信仰所动。把这句话里的"上帝"换成"糖丸"，便得到了安慰剂效应的定义。哈佛大学科学史教授安妮·哈林顿（Anne Harrington）写道："没有什么比坚信上帝有能力治愈我们更能提升身体与生俱来的自愈能力的了。"

卡尔·马克思把宗教称作"人民的鸦片"，这种说法也八九不离十了——宗教是人民的糖丸。

竞技中的安慰剂效应

1952年，一位新教牧师诺曼·文森特·皮尔（Norman Vincent Peale）写了一部可以算作20世纪大众心理学领域最重要的、独一无二的著作，《积极心态的力量》(The Power of Positive Thinking)。该书连续186周占据《纽约时报》畅销书榜，全球销量高达500万本之多。

皮尔在书中告诉读者，宗教信仰具有治愈的力量，他敦促读者通过意象、自我肯定或是阅读《圣经》来发展宗教信仰。不过，尽管自己是新教徒，皮尔明确表示，读者信仰什么和积极思考的成效毫不相干。"是不是再生基督徒都不重要，"皮尔说，"你有你的神，我有我的神……耶稣只是其中之一。"

实际上，皮尔是在明确有力地推崇安慰剂效应。他的意思是，重要的是有信仰，而不是信仰的具体对象。正如哈林顿所说的那样："实际上，皮尔在精神治疗法运动上花的时间可能比20世纪的任何人物都要多，该运动告诉人们，为了收获信仰结出的疗愈果实，不一定要皈依某个特定的基督教派或信奉其他特定的信仰传统。"如此看来，他受到基督教团体的谴责与声讨也就不足为奇了。

不过，皮尔这本书的绝妙之处在于，他认识到了宗教的安慰剂效应（或者，用他的话说是"宗教信仰的力量"）的作用范围远远超出了身体健康领域。他认识到该效应还能缓解焦虑情绪，提升归属感，增强自信，减缓忧虑。皮尔反复强调，所有这些都能提高生活品质，使人们的表现水平发生翻天覆地的变化。皮尔书中的章节包括"相信你自己""期待最佳结果并如愿以偿""我不相信我会失败"以及"如何利用信仰的力量"。

不过，受这本书影响最大的还数体育界。20世纪80年代，有无数运动员在上场比赛时都会在运动包里随身携带这本书；突然间，许多运动员都转向上帝寻求指引；赛前，无数运动员都会离开一小会儿，花15分钟进行呼吸练习，同时一遍又一遍地背诵经文，告诉自己"我能行"。到了80年代中期，英国乒乓球队中有超过一半的运动员都在积极使用"皮尔战术"。

宗教曾经一度在体育界遇冷，这主要是因为顶级运动员没有时间可奉献给和自己专业领域毫不相干的事业；而在那之后，宗教摇身一变，成为体育界的焦点。运动员在进入赛场时都会手画十字，或是抬头仰面，向造物主致以敬意；获胜的运动员则会在感言中对上帝、真主或是其他神明致以特别感谢。仔细观察，你会发现许多运动员都在这么做。

没过多久，研究人员就对这一现象产生了浓厚的兴趣，他们对宗教信仰能否影响及如何影响运动员的赛场表现进行了正式研究。和那些刚开始研究宗教信仰对人身体健康的影响的研究员一样，他们也对信仰虚无缥缈的上帝能对竞争激烈的体育竞技产生实际影响的说法高度怀疑。但是，和医学界的研究结果一样，数据不会作假：宗教信仰能促使运动员收获非凡战绩。而且，你信仰哪方神明都无伤大雅，只要真心实意即可。

例如，2000年，韩国湖西大学（Hoseo University）的朴正健（Jeong-Keun Park）就韩国运动员的比赛策略进行了研究。他发现，运动员们认为赛前祷告是关键因素，他们如何缓解紧张和焦虑、能否超常发挥都会受到赛前祷告的影响，同时祷告也为参赛赋予了意义。

朴正健的研究结果一次又一次地得到了印证。2004年，D. R. 捷奇（D. R. Czech）及其同事对9名一流水平的基督徒运动员进行了研究，他们发现，宗教活动"对运动员有着强大的影响力"，运动员们还"把祷告当作减压机制"。西华盛顿大学（Western Washington University）的拉尔夫·韦尔纳基亚（Ralph Vernacchia）对参加奥运会的运动员进行的研究也恰巧揭示了同样的结果。

一段来自朴正健研究对象的话揭示了研究结果的核心内容：

> 做赛前准备时，我总会进行祷告，大小比赛均是如此。我会向上帝祷告，祈求上帝保佑我发挥出最好的水平……我把所有一切都交给上帝安排，没有一丝忧虑……祷告令我冷静心安，不再害怕失败。最后，一切终成正果。

这再次为本章开篇部分正名。我们在开篇部分看到，穆罕默德·阿里和乔纳森·爱德华兹都说自己因为宗教信仰获益良多。虽然他们二人信奉的神不同，所属的宗教体系也相互矛盾，但这不会影响安慰剂效应的发挥。重要的是，他们二人以各自不同的方式，全心全意地献身于自己信奉的真理。

自从皮尔的著作大获商业成功后，运动心理学就在20世纪80年代迅速成长为一门学科，比它范围更广一些的"自助"领域走的也是这条路。这样一来，对运动心理学这门新学科而言，最突出的问题就成了：有没有可能复制宗教信仰对卓越成绩的作用？有没有可能将皮尔的学说世俗化，为普通大众所用？简言之，我们能否为胸怀大志的运动明星找到属于他们的"糖丸"？

顶级运动员在比赛前会用一些经不起推敲的话为自己鼓励。我们对运动心理学的研究已有30多年之久，早已习惯了这种心理呓语，因此在很大程度上，我们并不在意这种加油之语是否可信。

那么，现在让我们一起细想一下运动员们的"赛前感言"。本章写于2009年春。那一周，纽卡斯尔队和米德尔斯堡队有一场至关重要的球赛。赛前，当时纽卡斯尔队的经理艾伦·希勒（Alan Shearer）表示："我根本没有我们可能会失败这种念头。我想的都是我们一定会赢，任何人、任何事都不会打消我赢的念头。"

这种信念当然是没有一点逻辑和理性可言的。赛前来看，纽卡斯尔队败北或是和米德尔斯堡队打成平手的概率不小。但是，希勒不喜欢相信真实的数据，更乐意树立能够创造成功的信仰——这是另一种真实。顺便说下，纽卡斯尔队最终以3∶1赢得了比赛。

还是在那一周，英国网球运动员安迪·默里（Andy Murray）告诉我们，他相信自己能打遍天下无敌手。敢放出这话，他简直是疯了。倘若他要对抗的是拉斐尔·纳达尔（Rafael Nadal），从数学概率角度看，他应该相信自己必败无疑。但是默里深知，走上网球赛场，自我怀疑便是个危险的东西。

皮尔在《积极思考的力量》一书中指出了这一点："现在，我相信，期盼最佳

第5章　安慰剂效应

结果，你便会获得某种神奇的力量，为自己创造一切条件，最终如愿以偿。"哈佛大学的安妮·哈林顿也发表过一样的观点："我们的身体有种与生俱来的能力，能够竭尽所能，实现心中热烈期盼的最佳设想。"

我们可能会将这种现象称为"表现安慰剂"，但实际上，在运动心理学中，这种现象的诀窍需要你将其与宗教分离，你的乐观精神不再需要某个全能的神插手干预，而要建立在"过度"自信带来的效力上，通过相信自己有能力如愿以偿来扫除疑虑。这就是为什么运动员们拒绝考虑失败的可能性——他们深知，走上赛场时，心怀疑虑不是好征兆，就好比吞下糖丸时质疑它的效力不是明智之举。

"赛场上的失手，从根本上讲，是自我怀疑造成的，"运动心理学畅销书《高尔夫的内在规律》(*The Inner Game of Golf*) 一书的作者蒂莫西·加尔维（Timothy Gallwey）写道："自我怀疑的影响力在于其自我应验的特质。比如说，假如我们没有足够的自信能够推杆入洞，通常，我们的身体就会变得僵硬紧绷，更有可能进不了球。要是失败了，自我怀疑就应验了……下次比赛时，这种自我怀疑会变得更强烈，其抑制作用也会更明显，导致我们无法发挥出真实水平。"

加尔维认为，心病还须心药医。其中最重要的一种心理疗法就是联想法。"这种方法是说，完成一个看似困难的任务时（这里以打高尔夫为例），要记得把它和某种简单的、从未失手的行动联系在一起。例如，打 10 英尺远的球时，你脑中想的应该是从洞里取球这样一个简单的动作。"

"脑海里生动形象地联想着这个简单易行的动作，就没有空间把即将击出的一球和失败联系在一起了……每次我成功做到这一点的时候，大脑对击球就不再抱有一丝疑虑……真正的专业人士在每场比赛中都能表现优异，就在于他们相信自己一定会成功。他们不会去听自我怀疑的声音。"

现在，我正站在 2002 年曼彻斯特英联邦运动会练习场外的一条狭小、昏暗的走廊上。这里静得能听见一根针落地的声音，从屋顶垂下的巨大窗帘吸收了隔壁运动员的训练声。这个走廊是个死胡同，走廊尽头的门是锁着的，观众进不来。但这正合我意。我即将在这里试验我自己的安慰剂。

我在每个比赛过的场地上都会找出这样的一方小天地——一块不太大的安静空间，远离世人窥探的双眼。在这里，我能够在赛前的紧要关头做好心理准备。它是巴塞罗那奥运会上那个被其他运动员遗忘的小小更衣室，也是伯明翰欧洲锦标赛上位于竞技场上方、远离尘嚣的"禁区"，还是东京超级巡回赛顶层咖啡馆后面的一块小空间。

有时，我发现了一块完美天地，却不料已被占用。一次，在瑞典公开赛上，我偶然发现克罗地亚乒乓球界的传奇人物佐兰·普里莫拉茨（Zoran Primorac）在一个狭小的更衣室里翩翩起舞，双眼紧闭，嘴里还念念有词。还有一次，我偷偷溜进一个鲜有人用的贵宾室，却撞见荷兰冠军德林克·基恩（Trinko Keen）正坐在地板上，头埋在双手间，他专心致志到根本没注意到我的出现。我快速、轻声地道了声歉，便离开这里，寻找我自己的那片静谧天地。

我和三位业内领先的运动心理学家已经合作十多年了。截至那时，我的心理准备之术已到了炉火纯青的地步。赛前，我会热身，和球拍磨合，和教练讨论战术，然后准时在赛前15分钟离开大厅，前往我精心挑选的"秘密基地"。

一到那个空无一人、舒适平静的地方，我便闭上双眼，小心翼翼地开始心中预演过的呼吸练习——吸气，放松；长吸气，长放松；更长地吸气，更长地放松。刚开始做时，我得花好几分钟，心才能静下来，但在长期练习之后，只需约90秒，我的心率就能降下来，心也能沉下来，进入一种深度放松的状态。

心定下来后，我便开始心理学家所说的"积极想象"——于我而言，就是回想自己经历过的那些战绩辉煌、令人振奋的比赛场面，而且要做到生动形象。首先，我会从一个局外人的视角去看，像观众那样，为绝妙的击球欢呼，为大胆的进攻喝彩，为花样百出的技巧拍手叫绝。

然后，我会变换视角，回到自己的身体，感受球在拍上时带来的快感，感受身体运动的无拘无束，感受正常发挥甚至超常发挥所带来的欢欣鼓舞。接着，我又会变换焦点，想象自己正在和即将面对的对手对战，运用的是与教练探讨过的战术，感知到一种深层的、逐渐高涨的乐观感。

我能感觉到自信在我的身体里生根发芽，自我怀疑在土崩瓦解。我感觉越来越好。

然后，我又进行了一次心理转换，心理学家称之为"积极肯定"。我不再想象自己是在打球，而是重复着下面这句充满魔力的话："你能赢。"一遍又一遍地重复着这句话，我便越来越相信自己能赢。你一定发现了我说的不是"我能赢"，因为我是在和内在自我对话，仿佛是在劝说他不要怀疑自我。而最后几句自我肯定只改动了一点——你会赢！你会赢！

有了这个信念做支撑，我睁开双眼，向自己点头表示赞同，满脸笃定，嘴角上扬。我缓缓地走回竞技场，朝教练点了点头，还击了个掌，然后走上场和对手握手。我的心理状态正是我想要的——内外合一。

唯一的问题是，我从对手脸上可以看出，他也给自己加了油，打了气，进入了一种深层次的高度自信的境界，浑身散发着获胜的自信与期许，看不到一丝自我怀疑的迹象。简言之，他也醉心于自己的安慰剂效应中无法自拔。

非理性乐观主义

关于表现的心理学中最具讽刺性的一点就是，它教导每一名运动员去相信，只要足够自信，就能拔得头筹。所有人对此都深信不疑，没有一个人沉溺在自我怀疑中无法自拔，这是运动心理学的逻辑所在。但是冠军只有一个，这是体育竞技的逻辑所在。

科学家和运动员究竟有何不同？质疑是科学家的惯用手段。取得进步靠的就是重点研究推翻理论的证据并对理论进行相应改进。怀疑主义是科学发展进步的助推器。但对运动员而言，质疑就是毒药。要取得进步，就要忽视证据，要建立一种对自我怀疑和不确定性免疫的思维模式。

需要在这里重申一下：理性地讲，这种行为和疯了没什么两样。为什么运动员明知有可能败北，还要说服自己相信自己能够夺冠？因为获胜需要的是侥幸心理，而不是基于事实下的判断。要想获胜，一个人必须给自己的思想"做手术"，消除疑虑——无论是理性的还是非理性的。只有这样做，安慰剂效应才能发挥作用。

正如近年来最成功的足球教练之一阿尔塞纳·温格（Arsène Wenger）所说的，为了在赛场上发挥出最佳水平，你必须教会自己建立高度自信，即使有悖逻辑。没有哪个顶级运动员不具备这种非理性的乐观主义能力；每个运动员要想发挥出自己的最大潜能，就必须消除一切心理疑虑。

泰格·伍兹正站在2008年美国公开赛场地——加州多利松高尔夫球场上，准备挥杆打出本场比赛的最后一洞球。空气静止不动，果岭附近的观众们屏息以待。和以往锦标赛最终场的装束一样，伍兹这回还是红色马球衫配黑色宽松长裤，外加一顶棒球帽。打好最后这一杆绝非易事：球洞距离他有12英尺远，他需要从右往左击球。

这是伍兹赛季最重要的几洞球之一；是这杆球将那一年的第二大锦标赛逼入了18洞的延长赛。此时，暂占上风的洛克·梅迪亚特（Rocco Mediate）已经打完，在会馆里静静观看。伍兹将球棍顶端对准球，然后从容而谨慎地瞄准球洞方向，准备击球。气氛更加紧张了。伍兹再一次看向球洞，使自己镇定下来，准备击球。

2008年美国公开赛是近年来最引人瞩目的体育赛事之一，这是伍兹在接受膝盖手术后第一次亮相锦标赛。不过，早在开局之战上，人们就明显看出这位世界冠军被疼痛折磨得苦不堪言，有时甚至会在挥杆时疼得大声叫喊，因为他左侧膝盖严重受损的软骨要经受住可能高达他体重4倍的扭转力。

打完第三局的一杆球后，他表现得仿佛用长棒击球便已经让他痛苦不堪。不过，伍兹坚持下来了，因为他看见第14个锦标赛冠军正在向他招手。虽然在第三局结束时伍兹领先一杆，但是鉴于他逐渐恶化的身体状况，没几个人相信他能振作起来，挺到最后一局。

但他挺住了，前两洞就打出了9杆和11杆的小鸟球，挽回了局面。不过，最后这洞球才是场上成千上万观众和电视机前世界各地的无数观众关注的焦点，这个男人可能会仅凭一条腿卫冕高尔夫最重要锦标赛之一的画面牢牢抓住了他们。他完美地拿下了 72 号洞这杆 12 英尺远的球，这次表现作为高尔夫球史上最勇敢无畏的胜利之一，被永远地载入史册。

正如你我所见证的，自信在心理和身体之间建立起了一种强有力的沟通机制。不过，泰格·伍兹最不同寻常的一点在于他的自信力是不可抗拒的，他的信念是可以被感知到的，他仿佛能和周围所有人进行交流。我和 8 名曾对 2008 年美国公开赛进行跟踪报道的知名高尔夫球评论家谈论过此事，他们都表示，那一杆还没击出，他们就深信不疑，伍兹能拿下这至关重要的一球。

这着实了不起，因为即使是对伍兹这样能力超群的运动员而言，从 12 英尺远处击球入洞的成功率也远远低于 50%。但是，伍兹毫无保留地相信自己有能力获胜，而且他通过肢体语言传达出的自信太具说服力了，就连"身经百战"的高尔夫球评论家都心甘情愿地为他站台。我猜看台上的大多数观众也有同样的感触。

其实，当时领先的梅迪亚特也有同样的感受。伍兹拿下那杆后（伍兹在后来的 18 洞延长赛中继续获胜），梅迪亚特接受采访时表示："我就觉得他能行。"

能将自己的思想灌输给他人的能力是领导力的一个重要方面，无论是参政还是作战。不过，这一能力还能通过在体育竞技中影响对手，创造出巨大的领先优势。不得不注意的一点是，截至我写本章时，伍兹曾 15 次在锦标赛中以领先姿态挺进最后一局，他只失手过一次。这难道是因为这位世界冠军的有力竞争对手们都受到了他自信的强大气场影响，发现自己根本无法保持自信吗？通常情况下，好像确实是这样。

2009 年年底，伍兹问题百出的私生活被曝光了，他的绯闻占据了世界各大报纸的头版头条。尽管如此，本书两大主题最有说服力的例子依旧非他莫属——成千上万小时的目的性练习的威力不可估量，他懂得加以利用，并为之配上影响力相当的安慰剂效应。练习让他能够在赛场上所向披靡，而自信让他能够把能力转化为重压之下的卓越表现。

正如法国首屈一指的高尔夫球运动员让·范德维尔德（Jean Van de Velde）所说的那样："伍兹是我见过的最自信的运动员。每一球，他都全身心地投入其中。10英尺，他相信自己能完美拿下。而对40英尺，虽然他在内心深处觉得自己不可能一杆进洞，但是他满脑子想的都是如何获胜，根本没想过输的可能性。然后一杆进洞的那一刻，他的自信得到了彻底的验证和巩固。这是一项了不起的能力。"

深入了解伍兹精神世界的最好方法就是听听他在接受采访时都说了些什么。伍兹的忠实观众早已习惯了他异常刻板的谈话方式，他们清楚他不是在讲述事实，而是意在维持一种特定的思维模式。这一思维模式是伍兹及其父多年来潜心研究的领域，也是他和心理学家杰伊·布隆扎（Jay Brunza）苦心打磨的结果。

"这（意志力）当然是我后天学习的结果，"伍兹说过，"爸爸总是有各种各样的方法来干扰我思考。实际上，是我让他这么做的，因为我想变得坚韧一些，因为就身体条件而言，我算不上天赋异禀。我的对手球龄比我长，球技也比我高，所以变强大的唯一方法就是增强意志力。我觉得在我先天条件不及他们的情况下，我只能从精神层面挑战他们了——增强意志力，以智取胜。"

伍兹生动形象地证明了自信具有的强大力量。曾于2007年为美国大师赛冠军扎克·约翰逊（Zack Johnson）提供过指导的运动心理学家莫里斯·皮肯斯（Morris Pickens）表示："我认为他从不质疑自己的一言一行。"这一论断将会接受前所未有的检验，因为伍兹打算重塑职业生涯，试图超越杰克·尼克劳斯18个大满贯头衔的纪录。

然而，用非理性乐观主义信仰武装头脑的做法有一个十分突出的问题，就是理想常常会与残酷的现实相矛盾。比如说，相信某人能够打败拉斐尔·纳达尔也许会激发强烈的心理活动，得到获胜的心理暗示，但不能保证这样的结果，尤其是鉴于纳达尔同样会运用安慰剂效应。

与此相仿，一个人若是信仰上帝，其身体健康状况及其他方面可能会大受裨益，但这并不会避免灾祸的发生。许多宗教信徒及其家人还是会死于癌症或是其他病症，还有许多人的小病得不到治愈。和医用安慰剂（只对某些病症见效）一样，"优异表现"安慰剂和"宗教"安慰剂只会在一定范围内起作用。

错误但是有实际用途的信念常与有据可依的现实相矛盾，在这种情况下维持这一信念从心理学层面上说现实吗？泰格·伍兹在前两洞 40 英尺球都失手的情况下还有可能继续相信自己能拿下一洞球吗？信念能像换衣服一样随机在大脑里溜进溜出吗？

伦敦政治经济学院（London School of Economics）的心理学教授尼古拉斯·汉弗莱（Nicholas Humphrey）表示：

> 如果要发现一种新型安慰剂，你要做的不过是发明创造；而为了能够发明创造，你要做的不过是改变信仰。这样看来，似乎每个人都能自由控制自己的信仰……不过，真相是——也算是幸运的表现——要做到这一点并不容易。这就涉及你如何改变自己的信仰，与之和平共处的问题。没人能轻易想信什么就信什么。

汉弗莱的观点虽然清晰尖锐，但并不够准确。现代心理学备受瞩目的发现之一，就是人类拥有能够令事实随信念而变，而不是信念随事实而变的独特能力。我们信仰的能力一直都在，不会随事实论据而变，就算有时和我们内心深处的信念相冲突，我们也会选择相信新信仰。从心理学层面讲，正是这种能力，比其他任何能力都更能让一流运动员脱颖而出。

双重思想

2002 年澳网公开赛上，身为世界顶级网球选手之一的蒂姆·亨曼（Tim

Henman）以 0∶3 惨败于瑞典非种子选手乔纳斯·比约克曼（Jonas Bjorkman）。这个毁灭性的打击可能会把亨曼的自信击得粉碎。赛场上的他反应迟缓，击球不够流畅，也没把握好时机。但在赛后记者招待会上，这些似乎都无足轻重了。

"我会积极看待这次失败，集中精力提升我在赛场上的表现。"亨曼表示。

你也许常常听到顶级运动员表示自己会"积极看待这次失败"。这种说法不分男女，已经成为全球体育界通用的心理战术。这种表达的意义何在呢？其实就是字面意思：我会忽视与先前乐观主义相矛盾的赛绩，只关注对先前乐观主义有巩固作用的战术优点和决胜球，等等。

换句话说，顶级运动员已经学会了过滤掉负面信息，以维持其高估自身能力的信念。

细想一下，这真是相当了不起。亨曼在那场比赛中输得很惨，那可以说是在职业生涯中对他打击最大的一次失败。按理说，他本该因此自信全无，但是亨曼对自己的心理状态进行训练，忽略了这些信息。他学会了聚焦于乐观信念，即使能让人保持乐观的事物所占比例少之又少。他学会了积极看待失败。没过多久，亨曼就拿下了人生中第一座也是唯一一座"ATP 世界巡回赛 1000 大师赛"奖杯，创下了职业生涯的最高纪录——世界排名第四。

作为一名运动员，我从头到尾参加过的运动员团队会议有几十场之多，其间，我一直惊叹于队友们那种将赛场上一切负面信息逐出头脑的能力。我也采访过不少顶级运动员，惊叹于他们毫不费力地无缝处理、巧妙"操纵"赛场上一切信息的能力，他们能让这些信息跟着自己的信念走，而不是与之背道而驰。他们能过滤掉表现欠佳的赛事经历，使自己通往巅峰的道路畅通无阻。[1]

---

[1] 当然，在实际应用中，这个过程并没有那么简单。如果运动员只看积极的一面，对消极信息全然不管不顾，那么他/她永远也没有机会改变自己的训练内容和方式，克服比赛中暴露出来的弱点。正确的做法应当像运动心理学家教学内容中清楚表述的那样——心态调节需要一个周期，不同阶段要借助不同的信念。

第一阶段，运动员要"积极看待失败"，以此捍卫自信心；在之后的训练过程中，他/她应当把从先前表现欠佳的赛事中吸收的消极信息转化为经验教训，以克服自己的弱点；然后，当下场赛事临近时，他/她的关注点需要再次转回到建立自信心上，这样一来，上场前就不会有自我怀疑了。正如曾经执教阿森纳队并广受赞誉的温格所说的那样："如果你没有能力在整个周期里'操纵'自己的信念，将很难有所成就，无论是在竞技体育还是其他领域。"

第 5 章　安慰剂效应　129

矛盾心理战术"积极看待失败"只是顶级运动员的招数之一。重新想想蒂莫西·加尔维在《高尔夫的内在规律》一书中倡导的心理战术，你会想起，他建议高尔夫球选手在做难度较高的击球动作时，将其与某种简单的、从未失手的行动联系在一起——例如从洞里取球这样一个简单的动作。"脑海中生动形象地联想着这个简单易行的动作，就没有空间把即将击出的一球和失败联系在一起了。"他写道。

但是，任何一位正常的高尔夫球选手——包括加尔维，在这个意义上也包括泰格·伍兹——在轻击球入洞时都会格外小心谨慎。他/她击球时的心理状态必须是：如果这一球擦洞而过，那么只让它越过洞几英尺远，确保下一球能在此基础上轻松进洞。击球时，要认定这一球一定能稳稳入洞，这是对发挥不佳的上一杆的补救。对此种说法，加尔维一定会第一个拍手称赞。

因此，加尔维表述的真正意思是，一名成功的高尔夫选手必须在脑海里建立主观确定性，即这杆球他一定能进，同时，他也要做好可能会失手的心理准备——他击出的球是有可能不进洞的。换句话说，高尔夫球选手必须尽量兼顾这两种自相矛盾的信念，以此将安慰剂效应最大化。

凡是读过乔治·奥威尔的作品《1984》的人，对此都不会感到陌生。在这本发人深省的小说中，奥威尔介绍了"双重思想"（doublethink）这一术语：

> 双重思想是指有人具备一种能力，能够在脑海里同时持有并接受两种相违背的信念……事实不合时宜时，当事人可将其忘却，而有需要时，当事人又会将其从遗忘的角落里拽回，并需要记多久就记多久……所有这些要素都是必不可少的。

《1984》问世之初，许多评论家都认为双重思想从心理学角度而言是不合理的，但实际上，这是一种老生常谈。无论是对一流运动员还是其他领域的精英而言，成功的取得都离不开双重思想。

让我们再次以顶级高尔夫球选手为例：击球时，他们必须谨慎、理性地做决策（例如，要打安全距离而不是进军果岭），但是一旦做了决定，击了球，他们就必须——实际上，是他们需要训练自己——乐观到不顾理性。

六次大满贯得主尼克·法尔多（Nick Faldo）在 2008 年的公开赛上接受我的采访时表达的正是这一观点。"选择何种方式击球，你必须得深谋远虑，"他说，"你一定要对自身的弱点和失败的可能性做一个现实评估，然后再做决定。但是一旦付诸行动，你就必须打开思想的阀门，自信满满地击出这一球，仿佛从未有人质疑过一般。"

这便是双重思想发挥作用的方式。

哲学结论

直到 1996 年，我们口中的"成绩安慰剂"才得到了直接验证。心理学家找来 100 人参与测试，将他们随机分为两组，对两组参与者的信念进行操控。心理学家鼓励第一组测试者相信自己完成一项任务的速度会比自己预想中快得多；而第二组成员则接受了相反的操控，期望值受到了压制。

然后发生了什么？思想积极组完成任务的速度明显快于思想消极组，而这两组测试者的能力是不分上下的。这样一来，运动员、运动心理学家以及互助行业内长期存在的现象得到了证实——就算信念毫无理智可言，只要当事人立场坚定，就一定能激发卓越表现。

为什么会这样呢？这种现象的运作机制是怎样的？就医用安慰剂而言，有证据表明，糖丸——结合坚定的信念——可以达到与药品类似的疗效。本·格尔达表示，病人服用帕金森安慰剂时，大脑会额外分泌多巴胺，就像服用了真药一样。但是大脑状态，即我们口中的"信念"是如何引发这种结果的呢？答案无人知晓。

至于"成绩安慰剂"，我们更是丈二和尚摸不着头脑。难道"这杆球不好打"

的想法会在大脑和中枢神经系统中建立一个更加精准的运动程序？若当真如此，为什么会这样，又是如何做到的呢？直觉告诉我，我们只有真正理解意识本身为何物后，才会对这个问题有完整的答案。

不过，所有这些发现告诉我们的是，建立信念的基础不仅仅是事实，还包括能发挥作用的一切事物。当然了，这不仅适用于运动员，我们每个人都需要与事实不同的安慰剂来帮助我们达成目标。我们强调积极因素，抑制消极因素；我们刻意忘却创伤；我们创造美好的故事来描述自己的生活和感情，然而经过诚实的反思，我们会发现它们与现实相距甚远。我们这样做不仅仅是为了赢，更是为了生存。不受限制的内心活动是很危险的，任何对哲学家的生活做过研究的人都能证明。

普通人与世界一流运动员——通常有运动心理学家和"思想教练"陪伴——的区别在于，后者将这种思想操控方法发挥到了极致。他们会训练自己在赛场上放大乐观精神，重塑信息，使其与自己的信念相一致而不是背道而驰；他们训练自己激活了双重思想。正是对这些技巧的熟练掌握使他们出类拔萃。

穆罕默德·阿里、乔纳森·爱德华兹、泰格·伍兹、阿尔塞纳·温格、尼克·法尔多——他们都以各自不同的方式找到了一种非理性做法，在这场我们称之为人生的奇怪游戏里拔得头筹。

第 6 章　避免 "死机" 的诅咒

悉尼的屈辱之战

　　我站在帷幕后等待广播响起，开始我 2000 年悉尼奥运会的首场比赛。这场等待仿佛有一个世纪之久。我看了一眼对手，感受到了他的野心——彼得·弗朗茨（Peter Franz），德国运动员，虽也有几分天赋，水平却在我之下。这场比赛是我们各自的赛季中最重要的一场比赛，很可能也是我们各自的职业生涯中最重要的一场比赛。

　　我做了个深呼吸。当时我 29 岁，那可能是我最后一次参加奥运会，但也意味着我第一次有个实打实的夺金机会。我胸有成竹，状态再好不过了。在过去的两个月里，教练一直努力说服我相信自己能夺金，让我相信我的生活也会因为非凡的成绩而发生改变，我开始相信他了。

　　赛前准备卓有成效。我首先接受了在比利时和瑞典进行的集训活动。我回到英国后，心理学家、营养学家和生理学家则会定期与我会面。我是英国唯一有资格参加奥运会的乒乓球运动员，因此英国奥委会花了大笔资金，确保赛前准备滴水不漏。

　　赛前的最后几天，我是在澳大利亚的黄金海岸度过的，两名国际比赛选手特地坐飞机过来陪我活动筋骨。我们每天都在当地一家价格不菲的俱乐部里练习 4

个小时，这家俱乐部的地面材料和奥运会赛场专用的材料一模一样。有时候，看起来好像半个世界都被动员起来帮我进行赛前准备了。

终于，麦克风支起来了，人群欢呼雀跃，我走出帷幕，步入百万瓦特灯光照射下的赛场——奥林匹克运动会！

我看到看台上有一大群英国观众挥舞着英国国旗，我知道我的父老乡亲会守候在电视机前观看比赛。我的整个职业生涯都是为了这场比赛，我的生活会因为这场比赛发生翻天覆地的变化。

比赛开始了。

弗朗茨以一记轻柔的正手上旋球开启了比赛。这一球不难对付，通常，我轻轻松松就能回过去；但奇怪的是，这次我的反应慢了半拍，两只脚困在原地，我用一种几乎没用过的方式猛击过去，球落在距球台60厘米处。

我使劲摇了摇头，觉得不太对劲，希望一切能重回正轨。但是，情况越发糟糕了。每次对手发球过来，我都发现自己的身体以一种与我过去二十几年习得的乒乓球打法毫不相干的方式进行回应——我脚步迟缓，动作生疏，几乎失去了触觉。

我拼尽全力，想扭转局面；我比在以往任何一场比赛中都更渴望成功；然而，我仿佛已经退步到了新手水平。

首局比赛结束后，我走到赛场尽头。我输了，比分是21∶8，应战双方旗鼓相当时，这种一边倒的比分着实诡异。我的教练平日里都是一副泰然自若、信心满满的样子，如今也变得不知所措。这种时刻最需要的是相当精良的战术策略——讨论用几次旋转，何时要拉球而不用假动作——但我连继续正常比赛都快做不到了，还谈什么战术？教练努力地喂我定心丸，给我加油打气，但是他知道，事情远不止这么简单。

第二局我输得更惨——4∶21。就像是有人借用了我的身体，在替我打球。我连连失手，动作僵硬呆板，反应迟缓；观众窃窃私语，难以置信。那不仅是失利，更是一种耻辱——一种真真切切，但不可名状的感觉。我的动作时而有气无力，时而毛毛躁躁，毫无流畅和连贯性可言。

比赛结束时，对手除了同情我以外再无其他情绪。握手时，他用一只胳膊环住我的肩膀，问："你怎么了？"我耸了耸肩，只想马上离开那里，离开那个屈辱之地。我回到奥运村，坐在自己的房间里，把头埋在毛巾里，才反应过来发生了什么。

我的教练说得极其坦白，不留情面。"很简单，马修，"他说，"你'死机'（choked）了。"

溺水的大白鲨

篮球界把这种现象称作"bricking"；高尔夫球界称之为"yipping"；更专业的学术领域称之为"cracking"；20世纪七八十年代的英国称之为"bottling"。今天，所有这些带有深深贬义的标签都可被归为运动心理学中一个为大众耳熟能详的术语——choking。

第5章告诉我们，自我怀疑会导致运动表现下降，虽然程度不重，但成败往往在此一举。有时候，你只是碰巧不在状态。不过，死机和以上这些现象一点关系都没有：它是一种翻盘机会为零的失败，仿佛场上换了个人在比赛。

有时，死机会被压缩为一个单一的、往往起决定性作用的瞬间。例如，1986年世界职业棒球大赛的第6场比赛上，波士顿红袜队的比尔·巴克纳（Bill Buckner）莫名其妙地任球从他双腿中间穿过，把到手的胜利拱手让给纽约大都会队。有时，死机可以持续整场比赛，例如我在悉尼奥运会上的那场屈辱之战。

不过，关于死机，有一点事实适用于全世界——只有在重压下才会出现死机现象，而且这种现象往往发生在运动员走向职业生涯巅峰的决定性时刻。无须多言，在那种时刻，死机是你最不希望发生的事，因为你正全力以赴地想发挥出最佳水平，此时此刻最重要的就是稳定。

死机现象看起来出人意料，因为它经常发生在世界一流的运动员身上，让花了一生时间打磨技巧、提高专业水平的运动员突然变成了一个新手。令人费解的波动和怠惰取代了精良的技能，训练有素的动作变得杂乱无章，花费上千小时建立起的复杂精妙的动作系统似乎转眼间化为乌有。

不过，并非只有顶级运动员才会遇到死机的情况。音乐家、政治家、演员、艺术家、外科医生、画家等形形色色的专业人士都会时不时受到死机诅咒的困扰，突然间就无法运用花费毕生时间练就的技巧，着实令人费解。你也许也在某个时刻死机过——比如第一次跟心上人约会，却一个字都说不出来；或是在做重要演讲时大脑空白，结结巴巴。

但我们为什么会死机呢？

在对这个竞技体育界最大的谜团之一进行探究前，想想看我们是如何描述死机现象。1996年美国大师赛的最后一局，格雷格·诺曼（Greg Norman）在世人瞩目下失手惨败。有些记者报道说他不是那么想赢，还有些记者说他是太想赢了；有些说诺曼用力过猛，有些则说他还不够争强好胜。

不过，这些互相矛盾的解释中有没有哪一个揭示了真相？有没有哪一个还原了比赛结束前几个小时奥古斯塔国家球场上发生的部分事实？

素有"大白鲨"之称的诺曼是世界上首屈一指的高尔夫球运动员，可以说是他那代人里最具天赋的运动员：在那场比赛中，在传奇般的奥古斯塔球场上，他首局便打出一连串令人赞叹不已的好球，在17号洞领先。在接下来的两天半里，他一直保持着这样的态势。

最后一局开始前，诺曼以6杆的巨大优势领先于英国的尼克·法尔多。在许多业内人士看来，周日早上最后一组球置于球座上，首洞球开打之时，结果就只是走个形式罢了，诺曼肯定能赢。

然后，在9号洞的球道上，意想不到的事情发生了。

诺曼传说中的神技在他近距离切球，即将把球打上果岭之时弃他而去了。取而代之的情况是，他髋部和肩膀的动作完全不在一个频道，步伐也偏离了球的关键位置。然后，他瞳孔放大，眼睁睁地看着球滚下了山丘，往回滚了 30 码。高尔夫球界最臭名昭著的死机事件就此拉开了帷幕。

10 号洞，诺曼在发球区外击出一记曲线球，然而导致了另一记抛球。11 号洞，他在离旗杆 15 英尺以内的距离切球，看似有望救回一球。然而这一轻击球与洞擦肩而过 3 英尺，回落后还是没有进洞，让观众倒吸一口气。诺曼缓缓地摇了摇头，越发混乱迷惑，缓慢走向下一个球座。

12 号洞，法尔多一开球就打到了果岭中间，看到这一切的诺曼嘴唇苍白，目光呆滞。此时，这个澳大利亚人仿佛是世界上最孤独的人。他摇了摇头，晃了晃肩膀，试图让身体恢复正常，重拾生气。但是一点用也没有。他被"击中"了。他中了死机的魔咒，无论是 bottling、yipping、bricking 还是 cracking，随你怎么称呼这种现象，他就是无路可逃。

他把球杆往后引，准备挥杆击球，但是髋部的位置又很奇怪，和身体其他部位毫不协调，过早向击球点运动。不可避免的事发生了，他的杆头没给够速度，所以当球在空中停止旋转时，澳大利亚人一脸绝望地看向天空。球落在了果岭前的河岸上，停了一瞬，就开始缓缓朝雷溪滚去。诺曼的这场比赛已经"溺水身亡"了。

60 个小时，48 洞，他一直处于领先地位，但是经过这意义重大的 4 洞球，他从领先 3 杆变为落后 2 杆。

当诺曼又一次把球打进 16 号洞的水域中时，观众似乎也不知道该做何反应，应该给予他同情的掌声，还是默哀般的沉寂。诺曼步履维艰地走下球道时，观众避开目光不看他，害怕在这样不光彩的时刻和他四目相对。

就连诺曼气势汹汹的对手法尔多都深深地意识到他正承受着巨大的屈辱感。所以法尔多轻击最后一球入洞，在 18 号洞拿下冠军之时，这个英国人没有发声音庆祝。他用坚实的臂膀环住诺曼许久，低声说："我不知道该说些什么。对发生的这一切，我感觉糟透了。我很遗憾。"

此情此景下，把重点放在诺曼太过争强好胜或是过于小心谨慎上的解释似乎都过于老套了。诺曼几乎无法完成比赛，更不用说抱着赢球的心态打比赛了。只关注比赛战术也无法解释事情怎么会发展到如此难以挽回的地步。诺曼连正常挥杆都做不到了，更不用说运用战术。球杆本应是运动员身体的延伸，但对要打至关重要的这几球的诺曼而言，球杆就是个异物。

"我是赢家。"诺曼在新闻发布会上斩钉截铁地说，但他在余下的职业生涯中一直贴着输家的标签。他赢过无数场世界巡回赛，却被冠以这样的名号，这看似自相矛盾，实则有其特殊含义。这个"输家"指他在最重要的赛事中败得一塌糊涂，指他把对职业生涯起决定性作用的胜利一脚踢开，即使胜利在向他招手。这个词也是他的死机现象十分惊人的写照。

唯一的慰藉就是，他并不是一个人。吉米·怀特（Jimmy White）在1994年的斯诺克世界锦标赛上死机了；斯科特·诺伍德（Scott Norwood）在1991年的美国橄榄球超级碗上死机了；托德·马丁（Todd Martin）在1996年温网男子单打半决赛上死机了。每天，全世界都有许多运动员在职业生涯的决定性比赛中死机。我在悉尼奥运会上死机了。也许你在某个重要的求职面试中死机了。

但是，我们为什么会死机呢？

大脑系统双城记

我站在切本哈姆俱乐部（Cippenham Club）的后门外，这家俱乐部是英格兰南部最负盛名的乒乓球学校。教练肯·菲利普斯（Ken Phillips）正在教一大群12岁的孩子打球，他们都还是新手。菲利普斯吼叫着指导他们。

孩子们正在学习乒乓球最重要的击球动作——如何打正手上旋球。"用手腕持续发力，"菲利普斯站在大厅前面大声喊道，"别忘了要手腕发力，球才能快速旋转。"

劳伦，一个扎棕色马尾辫的姑娘，站在离我最近的球台边，专心致志，眉头紧锁。她低声重复着教练的训诫，对自己说："用手腕发力，劳伦！"下一轮对打时，劳伦努力转动手腕，却连球都没碰着。菲利普斯看到后，手把手教给她正确动作。然后劳伦又试了一次。

这次她碰到球了，但她忽略了转动肩膀和屈膝这两个动作，前臂姿势也不对，髋部和躯干也没配合好。不过，菲利普斯都没强调这些点，他强调的一直都是手腕发力方式的正确。

在观摩过程中，我慢慢明白了正手上旋球这个动作有多复杂——身体各部位的运动都要协调，每个部位的动作都要同时到位。菲利普斯现在是将动作分解成简单指令，但球员们终归要把数以百计的生物力学法则融合在一起，构建出自己的运动程序。

"基本掌握正手上旋球通常大约需要 6 个月的时间，然后开始加入脚上的动作以及其他击球和转球方法，"菲利普斯说，"这是没有捷径可走的。"

我给劳伦来了点儿新花样——打下一个回合时数一下我跺脚的次数——她没打两下就断了，甚至刚开始打时频率就明显降低了。她满脸疑惑。"我办不到，"她说，"这两样分开还可以，同时进行就不行了。"

几个小时后，菲利普斯的学生又换了一批，这个班的人少一些：这群至少有 6 年球龄的 14 岁孩子在共同争夺国家队入场券。菲利普斯让他们正手对角劈杀——之前那组也做了——这次所有队员都打了一手优雅漂亮的上旋球，每回合基本都不用调整手法和位置。

我让一个名叫詹姆斯的男孩尝试了我给劳伦做过的实验，这对他而言简直就是小菜一碟。在我跺脚 17 次的时间里，他圆满地完成了 15 个上旋球，笑容满面地给出了正确答案。下一回合，我在詹姆斯打球时和他聊了聊今天他在学校都做了些什么，但这依旧未对他造成任何干扰，他还是完美地完成了。

原因很简单：詹姆斯已经将击球动作"自动化"了。经过许多小时的练习，他已经把如何击球深深地储存在了内隐系统，而不是外显系统中。但他也不是生来就打得一手好球的：在他还是初学者时，他也和劳伦一样，一边刻意控制着自己的击球动作，一边构建能够完成动作的神经结构。只有经过长时间的练习，他

第 6 章 避免"死机"的诅咒 | 139

才能不假思索地击球。

我让詹姆斯讲一讲击球时他身体的各个部位是如何相互协调的,他摇了摇头,耸了耸肩,笑着说:"我也不清楚自己是怎么做到的。"这便是第一章里心理学家口中的"熟能生巧失忆症"。相比之下,劳伦则一直在回合间隙重复着教练的教导,浮于表面。

实际上,詹姆斯和劳伦打正手上旋球时使用的是截然不同的两套大脑系统。加州大学洛杉矶分校(UCLA)的神经系统科学家拉塞尔·波特拉克(Russell Poldrack)已经做了大量的脑成像实验,来追踪大脑由外显监控转向内隐监控的过程,经过数小时的练习,这种转换就会发生。他发现新手初学一项技能之时,脑前额叶皮质得到激活,但最终击球时,被激活部位会移至基底神经节,该区域掌控部分触觉和感觉。

大脑活动由外显系统转至内隐系统有两大至关重要的优势。首先,高水平运动员能借此将完成一项复杂技能所需的各个身体部位的动作统合,形成一个流畅自然的整体动作(这种"动作记忆群组"和第1章描述的感知记忆群组有异曲同工之妙)。但这一"境界"在意识层面是无法达到的,因为在这一阶段,有太多变量交织在一起,都需要大脑有意识地处理。其次,这一转换解放了注意力,运动员能将精力放在高级别的技能训练,如策略和战术上。

想想学开车时的情境,大脑系统的这种转换也就不难理解了。初学开车时,注意力必须高度集中,眼观六路,控制方向盘,还要换挡,踩离合。实际上,刚开始这些事情很难同时进行,所以教练才让你在练车场开车,帮助你慢慢地将各个分任务统合在一起。

只有经过长时间的练习,你才能不假思索且毫不费力地掌握这些技能。结果,你自己还没意识到,就达到了"境界",在这个过程中,你的心思都不在这件事上,你想的可能是晚饭做什么。此时,大脑活动已从外显系统转至内隐系统,由有意识转向了无意识,你的水平也从新手升级成了高手。

但是,试想一下,如果高水平运动员突然发现自己用错了大脑系统会怎样。

那么，不管他是有史以来最伟大的球员，还是只是个普通俱乐部球员，这些都不重要了。因为，现在是外显系统而不是内隐系统说了算。那些储存在大脑内隐系统中的高度复杂的技能将变得一文不值。高水平运动员会发现此时求胜所用的神经通路又回到了菜鸟级别。[1]

亚利桑那州立大学（Arizona State University）的心理学家罗伯特·格雷（Robert Gray）重现了这一情境。他以一组高水平大学校际棒球队员为实验对象，让他们在打球的同时判断随机播放的音乐曲调是高还是低。和预期中一样，后者并未对其击球水平造成不利影响（正如计算跺脚次数并未干扰詹姆斯打正手上旋球的水平）。为什么会这样呢？因为棒球运动员的投球动作已经"自动化"了。

但是，如果研究人员让运动员在音乐响起的那一刻说出他们的球棒是向上还是向下挥的，他们的表现就令人跌破眼镜了。为什么两次差别会这么大呢？因为这一次的次级任务迫使他们将注意力放在击球本身。运动员们刻意密切关注着击球动作，这本该是已经"自动化"了的动作。这时，外显系统和内隐系统就在一决高下，抢占注意力了。

他们的问题不是不够专注，而是太过专注。因此，有意识监测自己击球动作的行为扰乱了内隐系统的流畅运行。不同运动反应的顺序和时刻都被打乱了，和他们新手时期一样。他们一下子回到了那个时候。

心理大反转

1989年，在奥古斯塔国家球场10号果岭，只要斯科特·霍克（Scott Hoch）能将这个距离球洞18英尺远的球轻击入洞，他就能赢得这场美国大师赛。这是他

---

[1]想要在一套动作已经"自动化"的基础上让技能水平再上一个台阶，加大现有多任务处理的数量至关重要，正如第3章谈到的那样。这就要求运动员在练习中刻意控制技能的某些环节，以培养附加的专业技能。若放任自流，任其发展，结果只能是原地踏步。

与尼克·法尔多进行的延长赛中的第 2 洞球；在 7 年后的相似场景下，尼克·法尔多因为格雷格·诺曼出现了惊人的死机意外而夺冠。法尔多已经高于标准杆一杆进洞，而霍克，这个来自北加州的不起眼的新手站在这杆难度系数不高但会彻底改变他人生的球面前，还未出手。

这要是第 1 洞或第 7 洞、第 15 洞球，美国人不会这样思前想后，但当"大师赛冠军"的头衔摆在眼前，霍克仿佛花了一个世纪的时间，一遍又一遍地校准推球线。足足检查了两分钟后，他才有挥杆的意思。然后，他又仔细看了看推球线，检查了一下握杆手法。他再次集中注意力，实际上，又把一切检查了个遍。结果，球连洞边都没挨着——法尔多凭借下一洞球赢得了比赛。

不出所料，从此以后，这名美国选手有了一个外号——"死机霍克"。

和前一节提到的棒球运动员不同的是，霍克并未被要求对自己的击球动作进行外显监控。但是，他想赢的欲望太强了，他对推球线、风向和其他所有能想到的变量的关注产生了致命的影响。他有意识地监控着"击球"动作本身。他太想进球了，以至于对这杆球进行了外显控制，而如果他只是交由内隐系统控制一切，这一球必进无疑。

他在这一球上"用力过猛"了。诺曼曾用不少推杆这样做过，7 年后的那一记长铁杆更是如此，而我在悉尼的屈辱之战上也"用力过猛"了——我把击球动作分解了，我试图对这项多动作任务进行有意控制，但一切都徒劳无功，因为这项任务只有在无意识状态下才能完成。在我们三人身上，你看不到任何成熟的动作、战术和控制力的影子，因为这些技巧要素只存在于大脑的内隐系统中。多年的练习在此刻烟消云散，我们又变成了新手。

看看体育竞技史上其他的著名死机事件，你会发现它们都属于一个模式。1993 年，在温网女子单打决赛场上，雅娜·诺沃特娜（Jana Novotna）以 4∶1（得分为 40∶30）领先施特菲·格拉芙（Steffi Graff），如此看来结果已成定局。诺沃特娜一直有如神助——发球，截击，随心所欲地传球。

但是，就在有望首次摘得温网桂冠的前一步，诺沃特娜掉链子了。她连续两次发球失误,动作一反常态——球抛得不够高,背没弓到位,转身也缺乏自信。

接下来的几场比赛中,情况愈演愈烈——她速度猛减,击球动作僵硬,缺乏连贯性。外显系统接过了控制权。诺沃特娜在试图有意识地将上百个运动中的身体部位系统化为一个无缝的整体,这就是为什么对有的球她反应迟缓(在意识层面上未能与瞬息万变的情境保持同步),对有的球又过于急躁(她没有及时调整过来)。①

诺沃特娜的失败不是勇气不足,尽管人们通常会这样归结死机的原因。她其实是想大胆进攻的,事实上,她在正常情况下本性也是如此。这同样是我和诺曼的天性。但是,当大脑中某个开关被打开,无论勇往直前还是怯懦如鼠都起不到任何作用了。死机是心理状态发生反转而引发的问题:大脑系统从专家状态倒退回了新手级别。

为什么会出现这种问题呢?试想在执行一项简单任务时会发生什么。比如说,你正走在一块昂贵的地毯上,因此必须保证手里的咖啡不洒出来。此情此景下,注意力外显正是你需要的能力。你只有集中注意力保证咖啡杯竖直,才不会因为疏忽大意或是注意力不集中而把咖啡洒出来。对简单任务而言,缓慢行事、有意控制能带来巨大好处。

但对复杂任务而言,情况恰恰相反。专业网球运动员在空中击球时,或是高尔夫球选手控制击球弧线时,任何将注意力直接转向击球机制的倾向可能都是灾难性的,因为太多需要意识层面控制的变量在互相作用(这是组合性爆炸的另一个例子)。

这样看来,死机是一种神经系统失灵的现象。在本应由内隐系统控制的情境下,大脑转换到了外显系统,这时死机就会发生。运动员不是有意的,但死机就这样发生了。而且一旦外显系统开始发挥作用,(每个深受其害的人都会告诉你)

---

① 正如芝加哥大学(University of Chicago)的心理学家西恩·贝洛克(Sian Beilock)所说:"一旦将动作技能分解,就必须分别激活每个单元,任其单独运行。这一过程不仅会使动作技能施展缓慢,还会在各项内部模块的转换过程中增加错误发生的机会,而这些错误在整体控制过程中是不会出现的。"

想要转换回内隐系统简直难于登天。

现在，想想看人们是如何苛责深受死机现象困扰的运动员们的。1996年欧洲杯，英格兰队在与德国队的比赛中大败，加雷斯·索斯盖特（Gareth Southgate）因为一记至关重要的罚球没进而受到一部分英国媒体的指责，吃尽了苦头。他射门时犹犹豫豫，力量全放在了腿部，髋部和躯干根本没发力，整个动作变得支离破碎——一次典型的死机。

"为何索斯盖特这脚球踢得这么软弱无力？"一名评论员问道。"新手面对重压搞砸事情可以理解，但一个毕生都在踢足球的专家也犯这种错误，就让人无法理解了。"

但是，现在我们都明白，事实恰恰相反。只有专业级选手，一个练习时间长到足以使动作自动化的专家，才有能力死机。而对一个仍然在调整外显系统的新手而言，任何额外的关注点都可以促进而不是阻碍外显系统生效。

戴顿大学（University of Dayton）的一名心理学家查尔斯·金布尔（Charles Kimble）已经用实验证明了这一结果。他找来一些俄罗斯方块的职业玩家和一些入门级选手，然后制造了一个高压环境——让他们在一大群观众面前玩游戏。职业玩家糟透了，真实展现了死机的威力；而新手们却渐入佳境。

重审双重思想

钟表嘀嗒作响，随着2002年冬奥会盐湖城500米速滑首场比赛的临近，"预热箱"里的紧张气氛持续升温。所谓预热箱，指的就是供运动员们赛前集合的一小块区域，幕布从天花板垂到地板，遮住了体育场内的刺眼光芒。

运动员们有的来回踱步，目光坚定；有的坐着活动手脚；还有的仍在和教练热火朝天地讨论着，在赛前最后一次对策略和战术进行预演。幕布后的人声鼎沸，时时刻刻提醒着人们，决一胜负的时刻即将到来。

不过，有名参赛者未参与上述任何一种常见的赛前准备活动。21岁的英国速滑选手莎拉·琳赛（Sarah Lindsay）坐在那里，缓慢地吸气与呼气，目视前方，一直喃喃自语（只有她自己听得到）。"只是速滑而已！"她说，"只是速滑而已！该死的，只是速滑而已！"

这着实令人不解，因为速滑就是琳赛的生命，而且这是她职业生涯中最重要的一场比赛——奥运会处女秀。过去4年她不怕苦不怕累，训练了无数个日日夜夜，做出了无数自我牺牲，都是为了这一刻。但是，当赛场工作人员示意运动员进场时，她又说了一次——"只是速滑而已！"

我们认识到，死机是一种个体处在压力环境下神经系统失灵的现象，此时，明明将决策权交给内隐系统更好，他们却在用外显系统处理信息。我们还认识到，当事人对此困惑不解，觉得很不真实——他们无法流畅、完美地执行动作，而他们毕生所做的就是熟练掌握这些动作。

那么，如何克服死机呢？怎样阻止外显系统掌握控制权？鉴于死机现象仅发生在高压环境下，还有什么方法比说服自己相信决定职业生涯能否走上巅峰的比赛一点也不重要更好？毕竟，只要当事人感受不到任何压力，那就没有压力，意识层面的外显系统也就不会和内隐系统争夺控制权了。

这就是为什么莎拉·琳赛一直重复说着"只是速滑而已"。她是在努力说服自己相信奥运会决赛没什么大不了的，和训练课没什么两样。通过给自己减压，她为自己的比赛扫清了障碍，让自己免于被死机所困。正如耐克广告语所说的，"放手去干吧！"

"奥运会上状况百出不是因为你不够争强好胜，而是因为你太想赢了，"琳赛对我说，"你极度想赢的欲望限制住了你。我记得走进体育馆，看到2.2万名观众还有成排的摄影机时，我没有紧张不安，而是再次告诉自己——'只是速滑而已！'"

它起作用了。琳赛，这个曾受死机所困的天才速滑运动员在盐湖城冬奥会上大大提升了自己的排名,并在 4 年后的都灵冬奥会上跻身世界前 8,她精彩绝伦的表现让家人、朋友、队友都惊呆了。死机通常会导致运动表现呈灾难性衰变,而琳赛却出色地完成了比赛。她在赛前短短几分钟操控了自己的信念,战胜了死机的诅咒。用第 5 章的术语讲,她用的是一种"双重思想"。

曾和琳赛共事过的运动心理学家马克·鲍顿(Mark Bawden)表示:"运动员们为了能够心甘情愿地做出所有牺牲,达到世界一流水平,必须相信赛场上的优秀表现就是一切,他们必须坚守信念——在奥运会上夺金能彻底改变他们的一生。"

"但也恰恰是这种信念最有可能引发死机的回应机制。因此,对某些容易死机的运动员而言,最重要的心理战术就是在赛前几分钟将这种信念抛之脑后,用'这场比赛一点也不重要'的想法取而代之。这是一种心理操控,需要花大功夫才能熟练掌握。"

悉尼奥运会后,为了摆脱死机的魔咒,我和鲍顿共事了多年。我的方法是把注意力转移到所有比体育竞技重要千百倍的事情上:健康、家庭、亲情、友情与爱情等。按照赛前惯例,我会花几分钟进入深度放松的状态,用上述那些事情填满自己的思想,然后用琳赛那种肯定句作为结束语——"不过就是打场乒乓球而已!"到了赛场上,我的想法完全改变了:这场比赛不再是决定我命运的终极大事件。①

有时,该战略完全奏效。而有时,我仍会受到大脑外显控制的干扰,呈暂时性死机状态。但是,我再也没经历过悉尼那种严重到一发不可收拾的死机了。我再也没遭受过那样的屈辱——在决定职业生涯命运的赛场上,连击球都完成不了。

用 6 次卫冕世界斯诺克锦标赛的史蒂夫·戴维斯(Steve Davis)的一句引起我强烈共鸣的话说,就是我已经掌握了"以平常心应对意义重大的比赛"的艺术。

---

①许多运动员不用人为减压也能正常发挥,这并不意味着他们不在意这场比赛,而是因为他们足够幸运,不会成为能够引发死机现象的神经系统失灵的受害者。即使面临重压,他们也能有意识地把注意力放在战术和策略上,把复杂的动作技巧交由内隐系统控制。

第 7 章 迷信与空虚

莫名其妙的规矩

网球运动员就是一种神奇的存在。你是否注意到他们总是向球童要 3 个球而不是 2 个？他们每打一球就要用一下毛巾，不是为了擦汗，而是意在擦去厄运。每次发球前，他们都必须将球在地上弹相同次数，一次也不能差。有时候，温网更像是强迫症大会，而不是网球大赛。

不过，世界名将钟爱的迷信行为、招牌小动作以及各种"规矩"并不仅限于球场上。运动员比完赛回到家后就更离奇了。伊万尼塞维奇（Goran Ivanišеvi）坚信，只要赢了比赛，他就一定要把前一天做过的所有事情重复一遍——比如，在同一家餐馆吃同样的食物，和同一个人聊天，观看相同的电视节目。有一年，这意味着在温网期间，他必须每天早上都看《天线宝宝》。"有时候真的很无聊。"他说。

也许塞蕾娜·威廉姆斯就是顶级网球运动员离奇心理活动的最佳爆料者。2008 年法网公开赛上，她的第三局失败令观众大跌眼镜，随后她就退出了比赛。大家都在问她是哪里出了问题。正手击球没打好？身体状态不佳？太久没在顶级赛事里露脸了？真实答案是："我鞋带没绑对，球也没弹 5 下再发，我没把洗澡用的拖鞋带到赛场上。我也没带备用裙子。我知道这就是命，我赢不了的。"

当然了，不是只有网球运动员才迷信，整个体育界都如此。在打最后一场球时，泰格·伍兹总要穿一件红T恤；澳大利亚守门员马克·施瓦泽（Mark Shwarzer）的护腿板从16岁起就没换过，一直是同一套；英国板球运动员马克·兰普拉卡什（Mark Ramprakash）一局比赛下来，嚼的一直是同一块口香糖，他在当天比赛结束后还会把它粘在球棒顶端；英式橄榄球的传奇运动员大卫·坎匹西（David Campese）在出城去赛场的公交车上，总是挨着司机坐。

但单论迷信的花样，棒球界无人能敌。有时候，你似乎得有个小怪癖才能进入职业联盟。投手格雷格·斯温德尔（Greg Swindell）每次开赛前都会咬下一块指甲，然后整场比赛都将其含在嘴里。吉姆·欧姆斯（Jim Ohms）每赢一场比赛，就会在下身护具的小口袋里放1便士——在通往这一赛季胜利的道路上，只要他一跑垒，硬币就会和护具的塑料壳撞得叮当作响。

韦德·博格斯（Wade Boggs）在其整个职业生涯里每场比赛前必吃鸡肉，还必须在5点17分准时开始击球练习。金莺队前投手丹尼斯·马丁内斯（Dennis Martinez）每赛完一局都要喝一小茶杯水，然后把茶杯倒扣在长条凳底下，排成一条直线。每回队友数数杯子，就知道比赛进行到第几局了。克里夫兰印第安人球队的前一垒手迈克·哈格罗夫（Mike Hargrove）则因其击球"规矩"太耗时而得了个人尽皆知的外号"人工降雨"。

看看鸽子的世界，你就能找到答案。虽然听起来有些奇怪，但这可是众人眼中的现代心理学之父——B.F.斯金纳（B. F. Skinner）——坚实的理论观点。"若想了解人类迷信行为的基本原理，最好从观察鸽子的行为开始。"他说。

1947年的开创性实验为斯金纳的观点奠定了基础。实验中，他把几只鸽子放在一个连有自动投食机的笼子里，"投食的时间间隔和鸽子的任何行为都无关"。他发现，鸽子会把第一次投食时自己碰巧在做的任何偶然动作和投食这件事联系在一起。所以，鸽子接下来做了什么？它们一直在做那个动作，即使这个动作丝毫不会影响食物的投放。

斯金纳说道："有一只一直在笼子里逆时针转圈，转三两圈就加大力度；还有一只反复把头挤进笼子上方的角落里；第三只则形成了一种'抬头'反应机制，好像把头放在一个看不见的横杠下面，然后反复抬头。"

当然，这和职业棒球联盟运动员的奇怪行为相比小巫见大巫，但是二者间的关联可是一清二楚的。鸽子表现得好像它们的行为能影响投食机制一样；同理，丹尼斯·马丁内斯也认为把茶杯在长凳下排成一条直线就能影响下场比赛结果。换个专业一些的表述，就是他们目睹了一种特定行为和期望结果之间的随机联系，却（误）认为二者之间存在因果关系。

美国联合学院（Union College）人类学家、前棒球运动员乔治·格梅齐（George Gmelch）表示：

> 大多数"习惯"源于卓越表现……外场手约翰·怀特解释他的一个习惯是如何诞生的："有次放完国歌，我跑到中外野，捡起一小片纸。那晚，我打了几个好球，我觉得这应该是和那片纸有关系。第二天晚上，我捡起一片口香糖包装纸，然后又收获了不菲战绩……打那时候起，我每晚都会捡纸。"
>
> 卡尔加里大炮队的外场手罗恩·赖特每周都会给胳膊脱毛，他打算一直这么做，直到幸运耗尽。这是因为两年前他曾经受过一次伤，为了方便包扎，他把胳膊上的毛刮掉了，然后在接下来的几场比赛中三次击中全垒打。而韦德·博格斯赛前吃鸡肉的习惯则是因为他发现全垒打成功率和吃禽类之间存在关联（他妻子有40多种鸡肉食谱）。

鸽子和人类都有迷信的倾向说明在进化史早期，这种行为就出现了。可以确定的是，迷信行为得到了广泛传播，尤其是在智人圈里。最近一项民意测验显示，超过一半美国人承认自己迷信，但他们的迷信并不是愚昧无知的类型。哈佛大学的学生就经常摸约翰·哈佛雕像的脚，以求好运。

就连人们口中最理智的运动员——板球运动员也无法对迷信免疫。英格兰队的前防守员杰克·拉塞尔（Jack Russell）就是最出名的一个。他在整个职业生涯里都没换过帽子和守门板，一直用到破破烂烂、臭气熏天。

1998年，英格兰队在西印度群岛巡回比赛中的一场上，拉塞尔被要求换下他最爱的白帽子，戴上英格兰队的蓝帽子。他拒绝了。根据他的一位队友，迈克·阿瑟顿的回忆，对话是这样展开的：

阿瑟顿：杰克，你能戴英格兰队的帽子吗？

拉塞尔：不。

阿瑟顿：有没有折中的解决办法？

拉塞尔：没有。

亚历克斯·斯图尔特（队长）：嗯，要是杰克戴自己的帽子，那我也要戴白色护罩，不戴蓝色那个。

纳赛尔·侯赛因（另一名队员）：要是头儿戴他自己的白色护罩，那我也要戴我最喜欢的棒球帽上场。

当然，有些"习惯"可能真的会影响赛场表现。它们已经成为固定"规矩"一部分的事实能帮助运动员放松身心，感觉舒适，理清思绪，缓解紧张的情绪。"规矩"还能发挥安慰剂效用：我们已经在第5章了解过，身处结果由个人掌控的情境下，坚定不移地相信某物确实能发挥作用可以增加它真正起作用的可能性。

不过，即使迷信行为未能对赛场表现产生预期影响，迷信仍然存在——这一事实表明，还有更深层次的东西在发挥作用。正如斯金纳所说："一个典型的例子是，打牌时，人们发明了一些用来转运的行为……打保龄球也是这个道理——保龄球运动员放手后，球已经在沿球道滚动，但保龄球运动员仍然扭动胳膊和肩膀，好像这时还能控制球的走向一样。这些行为必然不会对运气或是在球道里滚了一半的球产生任何实质性的影响，就好比即使鸽子什么也不做，食物还是会按时出现一样，都是一个道理。"

问题还是没解决——为什么即使迷信和期盼的结果之间不存在真实联系，

还是会有那么多运动员和普通人保持各种各样的迷信习俗？或者，换句话说，为什么就算迷信行为似乎带不来什么实质性的好处，却仍得到了广泛传播？这才是真正有趣又带点复杂性的地方。而且，和许多有趣的事情一样，答案藏在进化史深处。

首先，想象一下有个穴居人要在他居住的石洞附近的树丛里摘果子。他听见树丛沙沙作响，误以为有头狮子潜伏在那里，于是就逃跑了。他甚至有些迷信这些树丛不安全，将来会尽量避免靠近这里。这种迷信对穴居人而言算是问题吗？倘若在其他地方还有大片树林供他采果子，能满足他每日需求，这就不算是个问题。

但假设那片树丛里真的有狮子，那么这个穴居人的行为就不仅仅是谨慎了，他因此捡回了一条命。换句话说，感知到存在因果关系的习惯（即使这种因果关系并不是真实存在的）令物种进化受益匪浅，使其在动荡不安、危机四伏的世界里有个安全屋避险。唯一的限制性条件就是（根据某些极度复杂的博弈理论），某些事件的迷信行为是毫无根据的，在这种情况下，你要懂得见好就收，不要让迷信拖了正事的后腿。

这正是迷信在当代社会的真实写照——有人虽然相信星座，但几乎没人会完全根据占星的指示行动；有人喜欢每次求职面试都穿同一双鞋子，觉得能带来好运，而换双鞋确实不会增加面试成功的可能性；有人喜欢发球前在地上弹球 7 下，虽然认定弹球次数正确就意味着能赢得比赛是不对的，但是弹球 7 下也确实不会降低他们的获胜的概率（就算会惹毛观看比赛的我们）。

当迷信危及更深层次的渴望时，就意味着我们已经冒着会被诊断为强迫症的风险在非理性的道路上走了太远。以阿森纳足球俱乐部的前防守队员科洛·图雷（Kolo Touré）为例，他坚持在中场休息结束后最后一个离开更衣室。你可能觉得这没什么大不了的。但当他的队友威廉·加拉斯在 2 月的一场比赛里受了伤，并需要在中场休息接受治疗时，图雷还坚持这么做——他坚持等到加拉斯接受完治疗后才离开更衣室，迫使阿森纳球队在下半场开场时只有 9 名队员上场。

当原本要助你一臂之力的迷信成了绊脚石时,也许是时候把它一脚踢出"规矩"行列了。你显然要用兔脚做这件事。①

反高潮

2004年雅典奥运会上,英国著名的场地自行车选手维多利亚·彭德尔顿(Victoria Pendleton)无缘奖牌——她在计时赛里排名第6,短程赛里排名第9。她壮志未酬,痛苦万分。尽管后来她卷土重来,多次卫冕世锦赛,但她深知一切还是要在2008年北京奥运会上见分晓。英国自行车队一直对自己的首要目标直言不讳——夺得奥运金牌才是真正的赢家,其他比赛都没有奥运会重要。

2008年,彭德尔顿比以往更加努力,她早起做增强心肺的有氧运动,举杠铃,在个人和家庭生活上做出的牺牲不胜枚举。她的全部生活就是在北京绕着室内轨道不停地练习。这就是她选择的命运,她的鸿鹄之志,成败在此一举。如果你真的想出类拔萃,那就是你该有的样子,你也必须这么做。然后,在北京这个梦想剧场,灾难降临了。

她如愿夺金。

实现毕生理想后,过了几个月,她说了这样一段话,有多坦诚就有多难解——"你勤学苦练就为这一天,如愿以偿后,你会觉得:'哦,这就完了?'人们认为得不了第一才更难熬。但实际上位居第二心里反而更舒坦,因为比赛结束后你追寻的目标还在。而夺冠后,你会突然觉得怅然若失。"

英国自行车队心理教练史蒂夫·彼得斯表示,许多其他奥运冠军,包括一些后备运动员,也都与严重的"反高潮"情绪抗争过。"事实果真如此,不单是自行

---

① 西方一些国家认为兔脚能带来好运。——译者注

车运动,我接触过的其他体育竞技项目中都存在这种情况,"他说,"我接触过的奥运冠军,赛后感言都差不多。他们感到很压抑,像是失去了什么。"

对此我深有体会。在我的乒乓球职业生涯中,没有什么比赢得我梦寐以求的比赛更恐怖的事情了。失败会引发多种情感,令人欣喜:复仇心切,坚韧克己,义愤填膺,忍辱负重,闷闷不乐;但是,没人能帮你防备随着取得垂涎许久的胜利而来的难解空虚。拿下人生中第一块英联邦运动会金牌后,我举杯畅饮,但这杯香槟既浸透不了我夺金的狂喜,也麻木不了我愈演愈烈的恐惧。

几个月来,我悉心培育的理想就像一位挚友,但现在它却在一场狂喜的爆炸中灰飞烟灭。难怪彼得斯会说这很伤感,近乎丧亲之痛。

你是否也有过这样的感受——不是为事业拼搏的充实,而是那种空虚?买了辆闪闪发光的敞篷车,结果却发现它徒具其表;升了职,却发现这工作根本就不是你想要的?深知人类心理这种讽刺性的作家罗伯特·路易斯·史蒂文森(Robert Louis Stevenson)写道:"到达旅行目的地前的满心期待更美妙。"

我一次又一次地在体育界看到这样的事情,没有什么能比竞技场更清晰地表明梦想成真意味着什么了。詹姆斯·托斯兰德(James Toseland)拿下人生中第一座世界摩托车锦标赛冠军奖杯后,独自在酒店房间里默默哭泣;网球运动员玛蒂娜·纳夫拉蒂洛娃(Martina Navratilova)在职业生涯的巅峰时刻频频受到忧郁情绪的影响;来自纽约下东区的乒乓球"勇士"马蒂·赖斯曼在卫冕决定他职业生涯的1949年英国公开赛后,为竞技成就的无用之处扼腕叹息。

无论是在竞技体育还是其他领域,最著名的反高潮故事当属哈罗德·亚伯拉罕(Harold Abrahams)夺得1924年奥运会男子一百米短跑金牌后的事。在电影《火战车》(*Chariots of Fire*)结尾的一处场景——更衣室里,他愁眉不展,满脸疑惑,拒绝和任何人讲话。一位刚刚输掉一场比赛的朋友问他怎么了。"总有一天你会战胜自己,等到了那一天,你就会发现接受这个事实简直太难了。"他回答道。

不过,要是我们能够根除这个人类情绪难题,能够只享受高潮,不被低谷困扰,到达我们梦想的彼岸——获得奥运会冠军等成就,却不会反复受反高潮所害,世界将会是怎样一副情景呢？毫无疑问，那些视令人不快的心理状态为病毒的心理学家一定会举双手赞成这一观点。但这样做真的会令我们更加健康快乐、事业有成吗？

20世纪60年代末，美国心理学家保罗·艾克曼（Paul Ekman）来到新几内亚，对富雷（Fore）这个与世隔绝、尚未发展出文字的古老部落进行了一系列采访，以验证以下关于情绪的文化理论：情绪和语言一样，是一种习得行为，是从亲人或朋友身上学到的。

当时几乎全世界都认可这一理论，该理论表明，只有见过他人经历喜悦与忧愁，你才能体会到这两种情绪。不经历社会层面上的传递，你将永远体会不到这些情绪。

艾克曼的试验相当简单：他给富雷部落的人们讲各种故事，然后让他们从不同表情的美国人照片中选出一张最接近故事体现的情绪的照片。比如，有个故事讲的是在小木屋里遇到野兽，在这种情况下，应该选择表情恐惧的西方人照片。

鉴于该部落成员从未接触过西方人，艾克曼没指望他们会了解西方人的情绪及与该情绪匹配的面部表情。但令他震惊的是，该部落成员在看到照片后，准确地选出了最佳答案。

然后，艾克曼又倒着实验了一次——他让该部落成员根据所讲的不同故事做出与之匹配的面部表情，然后将其录了下来。回到旧金山后，他让美国人根据故事选出富雷部落成员的照片。结果再一次完全准确。

艾克曼的实验结果预示着情绪文化理论的终结。他的研究结果表明，许多表情都是无国界的——生来就有，而不是后天通过学习某种特定文化而习得的，这是自然选择的结果，这样才利于人类生存和基因的传播。

迪伦·埃文斯（Dylan Evans）在《情感密码》（*Emotion: A Very Short Introduction*）一书中表示："我们共同的情绪传承，超越了文化差异，将全人类联系在一起。"

从进化发展的角度看情绪，会有些不一样。尽管所谓的负面情绪似乎是不必要的，只会惹人不快，但它们是长久以来保护我们身体健康、繁衍生息的重要机制（就像病痛一样，警告我们身体出问题了）。据埃文斯所说，没有了负面情绪，谁都活不下去，"没了恐惧，狮子都快扑到眼前了，人们可能还坐在那里想，我有危险吗？没了愤怒，人们会受尽欺辱。没了厌恶，人们会吃腐烂的食物和垃圾。"

通过这个视角看，其他所谓负面情绪都益处多多：紧张焦虑帮助我们逃离危险境地并避免未来深陷相同的险境；适度忧郁使我们能够摆脱无法达到的目标；面临失去社会地位的威胁，我们会觉得丢脸；已经或即将失去爱人的忠贞时，我们会吃醋。

从这些优势来看，反高潮现象就完全说得通了：千百万年的自然选择已经对DNA遗传序列进行了筛选，所以我们才会美梦成真，也痛苦不堪。为什么会这样呢？因为只有这样，我们才能放下胜利的喜悦，聚焦下一次挑战。倘若志得引发的是无期限的意满，我们将永远失去前进的动力。

那么，反高潮对抱得胜利归的运动员而言是一种情绪间歇期，为下次的夺金目标打下了心理基础；对获奖作家而言，正是这种失落感给下一段文学历险提供了创作动力；对彩票中奖者而言，正是这种空虚感使他想要重返工作岗位。

这就戳中了一个最深层次的人性问题的核心，作家和哲学家长久以来一直对此争论不休：是什么令某些人——尤其是顶级运动员——如此坚持不懈？是什么使得他们刚登顶一座山峰就迅速瞄准下一座？他们为什么有着不竭的动力？他们为什么永远渴望着成功？

这个问题一度似乎是无解的，迷失在人们深不可测的神秘精神世界中。但现在看来，答案简单极了：他们经历反高潮的能力进化了，比我们需要的时间短，他们对它的认识也更深入。虽然人人都经历过反高潮情绪，但顶级运动员在达成目标后回归现实的速度之快非同寻常；即使是为之拼搏多年的目标，他们也能迅速摆脱情感依恋，这着实令人惊叹。

2007年，曼联教练亚历克斯·弗格森（Alex Ferguson）前几分钟还高举俱乐部获得的第 9 次英超冠军奖杯,庆祝打破纪录,紧接着就说:"我已经准备好迎接下个赛季了。让我们再创辉煌!我期待着拿下欧洲联赛,也会奋力卫冕英超冠军。"

结果,就在下个赛季,曼联不但卫冕英超,还赢得了最富声望的欧冠。正是这个双料冠军巩固了弗格森作为英国历史上最伟大的足球教练的名号。

第三部分

深入思考

第 8 章　视错觉和透视眼

错觉与现实

　　看看下一页查理·卓别林的面具。照片 A 的效果正如你所料，照片 B 也是，只不过旋转了 90 度。再看看照片 C，是旋转了 180 度的效果，所以我们是从面具里面（凹面）看的——但不知怎么，我们看到的还是凸面效果。照片 D 尤其离奇，面具上本来凹陷的部分看起来是凸出的，而真正凸出的部分看起来也是凸出的。

　　本章中，我们将探索人类感知的秘密以及顶级运动员的感知力比我们的更敏锐和深刻的原因。不过，要想搞清楚这些，我们必须先清楚面具错觉是怎么一回事。为什么从面具背面看到的是一张正常的脸？为什么明知是错觉，眼中所见却没有丝毫改变？

　　仔细思考一下视觉原理。我们都知道视觉是如何运作的：光经过物体反射进入眼睛，通过晶状体聚焦于视网膜并成像，然后该物像传至大脑，形成视觉。在视觉形成的过程中，眼睛相当于照相机，视神经会将"照片"传递给大脑。

　　但是，稍加思考，你就会发现这个解释还是有漏洞的。倘若发送至大脑的视网膜成像是照片的话，那么究竟是谁在大脑里"看见"传送进来的照片的？这是一个《终结者》般的谬论：你可能还记得阿诺德·施瓦辛格主演的这部电影——在暗杀机器的眼中，世界就是呈现在屏幕上的计算机读数。但这是讲不通

| A | B | C | D |

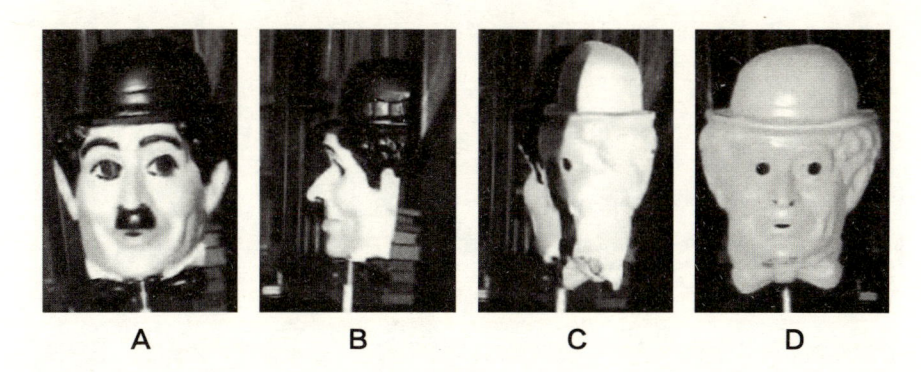

的，因为终结者的大脑里根本没人监控屏幕。此外，要是大脑接受二维视网膜成像就形成视觉的话，为什么我们看到和感受到的世界都是三维的呢？

这些思考引出了一个令人大跌眼镜的事实：我们听到、看到的信息和我们感受到的世界之间的联系一点也不紧密。例如，视网膜成像极其模糊不清、支离破碎，因此需要经过大脑的重重工序，它才能"改头换面"成生动形象的3D"电影"，构建视觉经验。

想了解大脑在构建视觉过程中的工作量？看看日本电报电话公司（NTT）通信科学实验室的柏野牧夫（Makio Kashino）的著名声学实验，你就能得到答案了。他录下一段声音，内容是"你明白我要说什么吗"，然后移除短小词块，用沉默代替，使这句话近乎无法理解。但是当他用频率连续且均匀的噪声填补空白后，令人惊讶的是，这句话又迅速恢复成可辨识的了。

"我们听到的不是物理声响的复制品，"柏野说，"是大脑根据剩余语音信号的信息填补了空白。"我们通过多年经验获得的语言知识使我们能够修复感觉信息，使其易于理解。

至于卓别林的面具，则是已有认识误导了我们，使我们把凹面看成了凸面。经验告诉我们，人脸上的部位几乎都是凸起的，因此当大脑对视网膜成像进行处理时，会对其进行修饰渲染，这样一来，我们从面具里面看到的也是凸面了，即使感觉信息（阴影、色泽的细微差别等）证明我们认识错误，也不会影响我们的判断。正如错觉研究界的领军人物，心理学家理查德·格里高利（Richard

第 8 章 视错觉和透视眼 | 159

Gregory）所说的那样："自上而下的知识决定了自下而上的感觉。"

从视觉的"管道系统"可以窥见自上而下的知识所占的重要地位：视觉形成过程中，从大脑皮层到大脑"中继站"的向下的神经纤维比从眼睛到"中继站"的自下而上的神经纤维要多。因此，当我们看东西时，比如人脸，大脑经验区域向下传播的数据要多于眼睛向上传播的数据。两方数据相互作用，便形成了视觉。

这当然与我们的认知不符。大脑如何"知晓"要向下传递哪些信息来回应上传的感觉数据，进而创建有用视觉呢？神经科学家仍在研究这一难题。已知的是，视觉成像过程极其复杂，视觉系统包含一张巨大的视神经网络，囊括了从大脑皮质高级区域到低级区域的反馈链接。

要是没有自上而下的经验值，我们看到的人脸是什么样子的呢？我们可以从盲人获得视力的非凡实例中得到答案。英国人西德尼·布兰德福德于52岁时在伍尔弗汉普顿与米德兰郡眼科医院接受了角膜移植手术，获得了视力。研究员对他拆掉绷带、看到医生的脸时的反应记录如下：

> 他听见前方某侧有声音传来，便把身体转到声源方向，看到了一团"模糊不清的东西"。他意识到这一定是张脸。仔细询问后，他似乎明白了，要不是先听见了声音，知道这声音是从人脸那里传来的，他不会知道那是一张脸。

事实确实如此：布兰德福德看向这张脸时，他看见是的一团模糊。他获取的视觉信息和常人没什么不同——进入视网膜的光是一样的，视网膜成像也是一样的，但是他缺少经验知识，因此见到的东西和其他人不一样——无法把视觉信息修饰成有用的样子。即使在几个月后，布兰德福德仍无法单凭视力分辨不同的人，就算是见过三四面的人，他还得借助音色等听觉信息才认得出他们。

这听起来也许很奇怪，但并不是什么新鲜事。视力正常的我们听人们说话时出现的正是这种现象。听母语对话时，我们听到的是一系列被短小停顿隔开的清晰词语，但实际上这种停顿并不存在。① 是我们掌握的母语语法结构知识使我们能够润饰听觉信息，听到结构工整的对话。

现在，对比一下听外语对话的情境：这次我们听到的是一大波"原汁原味"、令人困惑的噪声，没有任何明显间隔，毫无结构可言。盲人刚获得视力，试图看清人脸时的情况也是如此。他看着朋友，看见的却只是一团"模糊"，因为他缺乏"自上而下"的视觉经验，无法构建有意义的视觉成像。

说了这么多，重点在于经验知识不仅仅是用来理解感知的；经验知识深深扎根于感知。伟大的英国哲学家彼得·斯特劳森（Peter Strawson）表示："感知受到了认知的全面影响。"

透视眼

专家和新手之间的关键性差异是前者更善于从周遭提取信息，例如，第一章提及的罗杰·费德勒能比常人更加精准地预测网球的运动情况。这不是因为他视力比我们好，而是因为他知道该看哪里，知道该如何解读对手的运动模式。

同理，老练的消防员知道如何扑灭烈火，是因为他们相当了解火势，已经学会根据微妙的视觉线索来掌握火焰的动态情况了。

但是，现在我们明白了，普通人和专家间的区别更根本，更彻底。罗杰·费德勒打网球时，不是对人尽皆知的感觉信息做了更到位的判断；更确切地说，他是从一个完全不同的角度来观看和聆听这个世界的。他对网球的深层知识彻底改变了他的感知结构。

医学界是专家和普通人之间存在这一显著差异的最有力例证。与初出茅庐的

---

① 对声音信号能线图的分析已经证明了这一点。研究员发现，能量最低区域——即最接近沉默的时刻——与词语边界不符。

医学生相比，经验丰富的临床医生能根据X射线和乳房X光片做出更优诊断。不过，这不是因为他们根据片子做出了更精准的推断，而是因为他们能够看到经验不足的同事看不到的结构和模式。

看看下面的图片，你就能体会这种感觉了：关于人脸的经验常识使你能够看出嵌在这些圆点下的是一张脸，但从没见过人脸的人就只能看见一堆圆点，看不见人脸。这两种情况下的视网膜上的成像是一样的，但是最终的视觉结果却完全不同。

专家们能够看见我们一般人看不见的东西，这听起来有点奇怪，但实际上并不是什么新鲜事。这就是为什么因纽特人能利用长期生活在北极的经验知识分辨出深浅不一的白色，而这些白色在西方人眼中并没有区别；这就是为什么化妆品连锁品牌露华浓的创始人查尔斯·雷夫森能够识别出四种黑色；这就是为什么训练有素的音乐家与普通人相比，更善于发现音符在音高和响度方面的细微差别。

这也揭露了看似不可思议的小鸡性别鉴定师的工作奥秘。家禽饲养者曾经要等到小鸡五六周大时才能辨其公母（这时成年羽毛开始长出，性别才可以分辨）。但如今他们聘请了专业鉴定师，鉴定师能够迅速鉴定出刚孵化的小鸡是公是母，而在外行人眼中，小鸡都是一样的。该行业极具商业价值，鸡蛋生产商再也不用喂养毫无"生产力"的公鸡了。

不过，这些鉴定师的视力和听力并不优于常人。确切地说，是他们长期积累的经验知识对感觉信息进行了彻底改造。

这些发现帮助我们解开了竞技体育界的一些最深层次的秘密。这就是为什么无论旋球怎么变化，顶级乒乓球运动员都能一眼识破其走向，而新手却无法发现；这就是为什么韦恩·格雷茨基能够看出周围冰球运动员的运动模式，而其他人却看不穿；这就是为什么加里·卡斯帕罗夫只需看一眼棋盘布局，就知道下一步该怎么走。

就好像这些顶级运动员都戴了 X 射线眼镜，能看见常人不可见的旋球、形状、曲线和模式一样。他们超群的能力令我们惊叹，这不是很正常的吗？他们能"看见"我们看不见的东西。我们就像是刚刚重见光明的盲人，看着人脸，眼前却一片模糊；我们又像是出国旅游的游客，听着当地人对话，听见的只有噪声。我们缺少自上而下的知识，无法利用感知构建意义。

通常，这种感知革新需要成千上万个小时的目的性练习后才能发生，而且过程十分缓慢，就算是专家也几乎注意不到转变的发生。不过，看看下面的图，我们就能明白这种彻底的转变是如何发生的了。你看见的要么是一名转过脸的年轻姑娘，要么是一名戴着头巾的老妇人。

不过，如果你看的时间足够长，两种图像便会迅速来回切换，即使你保持眼睛静止不动，以保证视网膜成像丝毫不变，情况依然如此。在这种情况下，视觉转换会在瞬间发生，因为我们知道年轻姑娘和老妇人长什么样。但是假设你之前只见过老妇人，在这种情况下，只有在和年轻姑娘共处好几个小时后，才会发生视觉的瞬间转换。

其中缘由不难理解。经过长时间的进化发展，我们已经有能力利用自上而下的知识改造感知——这更具即时性。无须从圆点图中推断出人脸的存在，也无须从乳房 X 光片推断其结构，你就能看见。它就在那里。推断已经根植于感知之中。

这种过程不仅省时，还能解放心理资源，把关注点集中在任务的其他要素上。顶级乒乓球运动员只要看看对手的动作模式，就能"看见"球的走向，他们的可用"带宽"优于那种还在有意识地努力研究对手动作中流露出的线索的含义的运动员，因此顶级运动员有更多精力去思考战术和策略。

专家这种解放注意力资源的能力已经成为心理学界最热门的新话题之一，而且不仅是感觉，动作的自动化也存在这一现象。由于专家所用的击球打法和动作都已经编码进了内隐记忆中（第 6 章已做具体阐述），不需要外显控制就能执行，因此心理资源得到释放，可用来完成其他重要任务。

不过，专家有能力解放注意力也引发了这样一个问题：注意力带宽耗尽时，感官系统会怎样？

无意盲视

假如你正在看两支篮球队朝对方扔球的视频，两队队服一蓝一白，然后被要求为其中一队的传球计数——比如说白队。我敢肯定你一定觉得这个任务毫无难度，你不费吹灰之力就能完成。

但现在，假设在你看两队传球时，一个打扮成大猩猩模样的人走到赛场中间和运动员擦肩而过，然后转向你拍拍胸脯，接着缓慢走到赛场另一边。你觉得你会注意到大猩猩吗？这个问题看起来很荒谬。你当然会注意到的，不是吗？

实际上，在哈佛大学的研究员做这个实验时，超过半数的参与者都没注意到大猩猩。他们一门心思扑在传球计数上，压根没看见近在眼前的大猩猩。之后再看视频时，实验者向被测试者指出大猩猩确实出现过，后者惊讶不已，指控前者对视频动了手脚。

另一个哈佛实验也出现了类似现象。这次是路人在校园里向路过的学生问路。在学生指路时，两名工人抬着一扇门，硬从他们中间穿过，然后奇怪的事情发生了：有一段时间，路人是在门后的，他借机和其中一名工人换了位置。这样就换了一个人问路：新换的人比刚才那个路人高，年龄比他大，穿的衣服也不一样，声音也不同。

这个学生注意到了吗？要是你，你会注意到吗？实际上，超过一半的被试继续愉快地指路，完全没察觉自己在跟一个完全不同的人讲话。

该实验表明，注意力是一种有着严格容量上限的资源。我们行走在这个世界上（或是参加体育比赛），受到不计其数的感觉信息的轰炸，根本无法对其一一进行意识层面上的处理。注意力担任过滤系统的角色，只准许一定数量的信息"击中"意识知觉。但要是注意力超负荷运转的话（比如说，因为我们正一丝不苟地进行着传球计数活动），我们便感知不到其他事情，就算这事就发生在我们眼前。

大多数人在意识层面上处理信息时的可用带宽基本都一样大，但是专家能将感知和动作程序自动化，创建出富余容量。例如，重做大猩猩篮球实验，将被试换做专业篮球运动员，他们就能轻松地看见大猩猩。他们掌握的有关篮球的深层知识使他们除了计数以外还有能力完成其他任务。

致命盲视

1972 年 12 月 29 日，美国东方航空 401 号航班刚从冷得刺骨的纽约起飞，飞往迈阿密。机上共有163名乘客，不少人都盼望着能享受一个阳光明媚的新年假期。在元旦这天的迈阿密，著名演员安·玛格丽特正在枫丹白露酒店，导演伍迪·艾伦在多维尔酒店，"橘子碗"橄榄球赛的新年游行正在如火如荼地进行。

飞机平稳，一切正常，午夜前夕，它驶入迈阿密国际机场，以完成最后的航程。飞机放下起落架，准备降落，机长告知乘客当地气温，并嘱咐他们系好安全带。

但是机长马上发现有些不对劲。大多数飞机都有三组起落架——两个机翼下方各一组，还有一组在机鼻下方。起落架放下就位，固定好后，驾驶员座舱上的指示灯会亮起。但这一次，显示机鼻起落架放下的绿色指示灯并未亮起。

这意味着两种情况：要么是指示灯出了故障，要么是起落架没锁定到位。不论发生哪种情况，机长都别无选择，只能中止降落步骤，搞清楚哪里出了问题。刚过11点半，他就向空中交通管制队告知了这一情况：

> 机长：塔台，这里是东方航空401航班。看样子我们得在空中盘旋一会儿，因为我们机鼻起落架的指示灯还没亮。
>
> 塔台控制员：东方航空401航班重型机，收到。请拉升，飞到2 000英尺待命，回到进近雷达管制，12086。

接下来发生的事最终导致了民航史上最严重的一次空难事件。所有机组人员的注意力都集中在出故障的指示灯上——他们把灯拆了下来，在手里转来转去，把灰尘吹走，在安回去的时候卡住了。他们太专注于指示灯的问题，根本没注意到他们中间的"大猩猩"。

该实例里，"大猩猩"指的是自动驾驶模式被机组人员无意中解除，飞机正在下降的事实。当机组人员继续关注指示灯时，飞机正载着全体机组人员和乘客落向埃弗格莱兹大沼泽地。

> 机长（正在谈论怎么固定出故障的指示灯）：我是不是没放对？

副驾驶员：我看着是对的呀。

机长：你能把孔对齐吗？

飞机从 1 750 英尺的高空向下坠落时，高度警报器响了。该警报器是精密复杂的警报系统的一部分，意在告知飞行员存在致命危险。但是，尽管从黑匣子记录里能够清楚听见警报声，机长和副驾驶员都没听见。指示灯占据了他们的全部注意力，他们没有多余"带宽"去"有意"接收警报声。现在，他们距离死亡还有不到 100 秒。

副驾驶员：至少测试没显示指示灯还能正常工作。

机长：这就对了。

副驾驶员：应该就是这灯出故障了。

每一秒，飞机都在急速下降，飞行员却感受不到，因为飞机的运动误导了他们。透过窗户，他们看不出来飞机正在下降，因为那晚没有月光，他们也看不见地平线。但数值骤减的测高仪就在飞行员面前，这没超出他们的视线。而且很可能，机长和副驾驶员确实是看着仪表盘的，也看着数值在变化，但他们就是没"看见"。为什么会这样呢？因为他们一直没有将其上升到意识层面。

飞机还有 7 秒就要撞击地面，这时副驾驶员才终于发现大事不妙了。

副驾驶员：高度不对啊。

机长：什么？

副驾驶员：我们还在 2 000 英尺高空，对吧？

机长：嘿，发生什么了？

机长采取避让行动，狠狠拉控制杆，但是太晚了。几秒钟后，飞机坠毁了，

第 8 章　视错觉和透视眼

101 人丧生。

也许东方航空 401 号航班事故中最令人不解的就是，飞机精密的警报系统并未失灵。高度仪表盘清清楚楚地告诉飞行员，飞机正在急速下降，而警报系统的响声也足够清晰响亮，但这些都未对局势产生一丝一毫影响。飞行员们的注意力"带宽"不够用了，出现了无意盲视的现象。飞行员一门心思扑在出故障的指示灯上，仿佛警报不存在，消失在了潜意识层面。

后来，事故调查员公布了结果。实际上，机鼻起落架就位了——本来飞机可以安全着陆。唯一出故障的是机鼻固定装置的显示灯泡，它烧坏了。一名记者报道说："一个价值 12 美元的工具的故障引发了这场空难。"从某种程度上说，他说得没错，但是更深层的真相是，无论警报系统如何精密复杂，只有当机组人员的注意力资源能被投入这里时，警报才会起作用。

东方航空 401 号航班已经极大地影响了航空安全史的发展，它改变了事故调查方式和飞行员训练模式。机组人员训练机制中的一项重大革新就是，航空业界在机长和副驾驶员之间增设了明确的任务分配程序，旨在腾出注意力资源。

问题在于，不仅机长一人把全部注意力放在了出故障的灯泡上，剩下的全部机组人员也都如此——所有人的全部注意力都投入了一个问题。如果只有一个人盯着指示灯，其他人的注意力就可用了，就会有人听到或看到提示飞机正在骤降的线索了。

顶级运动员能够合理分配注意力资源，航空业界的任务分配机制与此并无二致。自上而下的经验知识使得世界一流的网球运动员能够在对手击球前就看穿球的走向。实际上，他/她是将这个任务分配给了大脑高层区域完成。长时间的练习意味着他/她能够不假思索地开启并运行动作模式，进行击球。实际上，他/她把击球这件事委托给了大脑的内隐系统。

这意味着他/她有大把的可用注意力去谋划战术，去应对对手改变战术等可能发生的紧急状况，成败往往在此一举。放在航空领域，巧妙地进行任务分配以避免无意盲视，有时候就意味着生死之差。

第 9 章　黑人称霸径赛之谜

闪电博尔特

8名男子正在为争夺一个响亮名号——"世界飞人"——的战斗做着热身准备，世上从没未有过的安静降临在体育场内。这时是 2008 年，我正在北京奥运会鸟巢体育场现场。尤塞恩·博尔特（Usain Bolt）蹲踞在起跑器上，轻晃肩膀使其放松，而他的竞争对手们则焦躁不安，好像已经深知第四道这个高大的牙买加人的本事。

博尔特以迅雷不及掩耳之势从起跑器上一跃而起，他发现自己跑过 80 码时，就摇摆着冲向终点线，挥舞双臂，握紧拳头，全场 8 万名观众兴奋到发狂。片刻后，大屏幕上显示了时间，这时全场都惊讶地倒吸了一口气。博尔特激动地跪在闪光灯下，指向电子计时器——9.69 秒，新的世界纪录诞生了。

博尔特击败对手的这一役充满了美感。录像中，他在场地上自发做出的庆祝动作成了第 29 届奥运会的一个象征。不过这也是对一项可以追溯到 40 年前的潮流的延续。1968 年，在酷热难耐的墨西哥城，吉姆·海恩斯（Jim Hines）成了用电子计时器计时后首个冲入 10 秒内的运动员。从那时起，共有 3 个国家的 10 名男性运动员打破这项世界纪录。所有人，包括海恩斯在内，都是黑人。

黑人在短跑界一统天下的局面不仅限于打破世界纪录。自 1983 年世界田径锦标赛开幕以来，每一届百米赛跑的最终赢家都是黑人，就连过去 10 年里几乎所有进入决赛的选手也都是黑人,只有斯洛伐克的马迪克·奥索夫尼卡尔(Matic Osovnikar)一个例外,他在 2007 年大阪世锦赛上最终只得了第 7 名。白人运动员已经超过 25 年没进过奥运会百米赛跑总决赛了。

据此,人们自然就会得出这样一个结论:就短跑而言,与白人相比,黑人具有先天优势。许多作家和科学家都肯定这一言论,这激怒了自由主义者,他们担心任何承认不同人种之间存在自然差异的言论可能都会开启新时代的种族主义。

但这些差异是真实存在的吗?如果真实存在的话,又意味着什么呢?这些问题的答案直指我们在 21 世纪开端对人种及人类多样性的理解的核心。①

对黑人在短跑领域具有绝对优势最典型的论述出自美国作家乔恩·安廷(Jon Entine)的《禁忌:为什么黑人运动员一统竞技体育天下,而我们害怕谈论这个问题?》(*Taboo: Why Black Athletes Dominate Sports and Why We're Afraid to Talk About It*)一书。安廷的中心论点是,擅长短跑的不是黑人这一整个群体,而是一个起源于非洲西部沿海国家的人类亚群体。实际上,他证明了这样一个论点——"不管是白人、亚洲人还是东非的短跑运动员,没有一个人在百米赛跑上打破过 10 秒纪录"。

而东非运动员的技能体现在另一个项目上——长跑。文档记录清楚显示,自 1968 年以来(除了因抵制而没参加 1976 年和 1980 年的奥运会以外)肯尼亚的男性运动员在 800 米及更长距离的比赛中一直成绩傲人,收入囊中的奥运奖牌有 53 块之多,其中金牌占 17 块。此外,从 1986 年到 2000 年,共有 14 场世界锦标赛,其中肯尼亚男子运动员 12 次夺冠。

为了论述方便,我们假设该模式有先天遗传的因素在。我们就能据此得出黑人运动员生来比其他人强的结论吗?不能。我们只有资格说,东非运动员生来比较擅长长跑,西非运动员生来更擅长短跑,而白人运动员则可能介于两者之间。

---

① 从本书开篇部分可以看出,任何复杂任务的成功主要是由后天练习而不是先天基因决定的。从这层意义上讲,赛跑不属于复杂任务。这项简单运动只会检测一个方面的能力:短跑是速度,长跑是耐力。这并不意味着练习就不重要,而是说个体在运动能力上的差异是由基因决定的,至少部分原因如此。本章的问题是:群体间的能力差异也是由基因决定的吗?

所以并没有道理进一步声称所有黑人都天生擅长跑步，无论距离长短。

其中的逻辑错误可能不那么明显，因为我们习惯性地认为"黑人"和"白人"从生物学角度讲是有区别的。那么，我们用一个类似的论据——中非的班布蒂（Bambuti）部落，通常指俾格米人部落——来说明问题。鉴于该部落人的平均身高是1.2米，我们可以肯定地说，就在低矮的天花板下行走而言，俾格米人具有先天优势。可我们能由此推断出黑人总体都具备这种先天优势吗？

发现人口种群间存在基因差异并不是什么新鲜事。小种群具有的基因特质往往和其他种群的不同：例如，短肢因纽特人和澳大利亚土著居民就不一样。整个地球的不同种群间都存在这样的差异。但是，为什么要把恰好肤色相近的不同群体混为一谈？

对种族科学家而言，问题在于，他们想一概而论。

以偏概全

埃尔多雷特位于东非大裂谷，这一巨大的断裂带从亚洲西南部的叙利亚起，到东非的莫桑比克止。坐落于切兰加尼山南部的埃尔多雷特，曾经居住着马赛人（Masai）和斯瑞克瓦人（Sirikwa），不过在殖民时代初期，这里被卡伦津（Kalenjin）部落的一个分支——深肤色的南迪人（Nandi）——占领。

我们已经认识到，根据安廷自己提供的数据，擅长长跑不是"黑人"奇迹，而是东非奇迹，且主要集中在肯尼亚这个国家。现在我们要做一些更为细致的观察，把范围缩小。看看下面这张地图，是乔恩·安廷从约翰·贝拉（John Bale）和乔·桑（Joe Sang）的经典之作《奔跑的肯尼亚人》（*Kenyan Running*）中借用的。该地图计算并展示了肯尼亚不同地理区域的长跑战绩分布。

你一定会立即注意到，肯尼亚的顶级长跑运动员并不是均匀分布在各个区域的，而是较为集中地分布在裂谷那一小块区域和埃尔多雷特内部及周围区域。正如已经退休的美国田径教练弗雷德·哈迪所说:"要是在埃尔多雷特小城附近画个半径为60英里[①]的圆,你会遇见肯尼亚一流运动员中的90%。南迪山这里上演了一些非同寻常的戏码。"

安廷在《禁忌》一书中指出:"南迪这样一个小地方,人口数量仅占肯尼亚的1.8%,却有近一半的世界一流的卡伦津运动员来自这里……很多肯尼亚长跑运动员的家都在埃尔多雷特。"

如此看来,"黑人"天生就是卓越跑者的理论不仅不太靠谱,还很奇怪。擅长长跑根本算不上是"黑人"奇迹,也不是东非奇迹,连肯尼亚奇迹都算不上,实际上是集中在埃尔多雷特小城的南迪奇迹。或者,换句话说,许多获得冠军的黑人长跑运动员都集中诞生于非洲地图上的这块弹丸之地,他们不能代表更广大的非洲其他地区。

研究黑人运动员在短跑界取得的傲人成绩,你会发现存在一个与上文类似的现象。安廷本人说过,绝大多数非洲国家无论如何也算不上短跑赢家,顶级短跑健将都是那些"有着西非血统的黑人"——"百米赛跑前500名里,他们占据了494个席位,一流战绩的98%都是他们赢得的"。

不过,就连"西非"的成功现象也与前例相似。许多世界一流的成绩仅出自两个群体:非裔美国人和牙买加人。这两个群体的确都有西非血统(还有一小部分欧洲血统),但把他们在短跑界的成功称作西非人的"特质"却是完全不合理的。

为什么?因为几乎没有一个西非国家享有他们的荣耀。看看毛里塔尼亚、几内亚比绍、塞拉利昂、几内亚、利比里亚、科特迪瓦、多哥、尼日尔、贝宁、马里、冈比亚、赤道几内亚、加纳、加蓬、塞内加尔、刚果还有安哥拉——这些都是西非国家,它们的全部人口加在一起也没有一个人拿过一块百米赛跑的奖牌,无论是在奥运会还是世锦赛上。

[①] 1 英里 ≈ 1.6 千米。——编者注

和"东非"长跑成绩傲人一个道理,"西非"的短跑成绩也是诞生于特定区域的。

那么,安廷和其他人为什么能说田径运动存在某个"种族"占据优势的现象呢?他为什么没发现他的书名和他用以论述的数据是自相矛盾的呢?这种对种族以偏概全的观点为什么还能继续得到大多数作家和记者的赞同和引用?

似乎是因为种族的概念太深入人心了,所以谈及其使用和含义时,就出现了一个集体盲点。我们自动把深色皮肤的人们放在标有"黑人"的盒子里,理所应当地认为某些人(即使是极少数群体)共享的任何特质都为这个大群体所共享。①

于是,就有一些科学家打着流行病学的幌子,利用以偏概全的思路偷换概念。例如,据说黑人更易患镰状细胞性贫血。同样,致病的真实原因是多方面的。镰状细胞性贫血困扰着祖上生活在疟疾肆虐地区的人们,不过患病比例并不均匀,也就是说,祖先来自撒哈拉以南非洲某些区域的人们更易感染这种疾病。不过这也意味着那些出生于地中海南部的人的患病风险也很高。遗传病本质上和种族无关。其他许多所谓的黑人专属的疾病其实都是贫穷所致,是由来已久的环境问题所致。

北卡罗来纳大学夏洛特分校(University of North Carolina at Charlotte)的一位人类学家乔纳森·马克斯(Jonathan Marks)表示:"所有人类群体,不论其构成如何,都有特定的健康风险。非裔、德裔犹太人、南非白人、日裔、穷人、富人、扫烟囱的人、妓女、编舞师以及印第安人面临着不同的健康风险,而起因不是种族。事实上,种族会使事情复杂化。因此知晓病人的种族身份显然利于治疗的进行,不过,这并不是预设不同人群从生物学角度讲存在根本性的阶级差异。"

种族科学家之所以能给出数据有缺陷、以偏概全的概念,却还能为人们所接受,就是因为我们天生喜欢把"黑人"视作一种不同于"白人""黄种人"或"肤色偏红的人"的一种生物学类型,而这些泛化概念符合我们的这种倾向。实际上,

---

① 安廷在 2009 年 9 月 BBC 的一场争论中承认将杰出的运动技能称为"种族"或"黑人"奇迹是一种误导。

这种倾向威力巨大，要靠意志力才能挣脱它的束缚。

我们需要努力清除这种倾向。毋庸置疑，种族遗传学在近 40 年内的研究成果证明，大多数人在近两个半世纪里持有的种族观念——人类能被划分成一系列亚种，且不同基因边界清晰——完全是无稽之谈。

遗传变异

1972 年，当时在芝加哥工作的年轻科学家理查德·莱旺顿（Richard Lewontin）乘公交车去伊利诺伊州的卡本代尔市参加学术研讨会。虽然路途遥远，他也没有虚度光阴，而是充分利用路上时间仔细检查新鲜出炉的有关人类遗传差异的数据。那个时候，科学界还不具备直接研究人类基因组本身的相关技术，当时的技术只能检测基因的蛋白质产物——如血液和其他类型的人体组织。

具体操作是将相应蛋白质压缩并注入凝胶板，然后通电（该技术名为凝胶电泳）。倘若两种蛋白质（比如两个人的血液）在电场里的移动速度不同，那就说明这两种蛋白质的基因来源不同。这就是人们熟知的遗传变异。

两百多年来，人们一直被划分为几大典型种族——黑色人种、高加索人种、蒙古人种等，这是今天我们熟知的分类方法。很久以来，人们都知道明显可见的人种差异——主要指肤色、发质、鼻子形状等——是由基因决定的。而且事实胜于雄辩，出生在欧洲或美国的非裔的肤色与父母一样。

但是，绝大多数生物学家认为，这些表面的不同对应的是更具根本性的差异。乔治·弗格森（George Ferguson）在 1916 年出版的《黑人心理》（*The Psychology of the Negro*）一书中写道："皮肤的颜色和弯曲的头发则是很多更深层次差异的外化标志。"

莱旺顿认识到，凝胶电泳的测试结果有史以来第一次使他能够检验这些观点是否正确。如果不同人种间真的在表面之下存在巨大差异，那么他们会显示出高级别的遗传分化。

车一路向南驶去,莱旺顿一心扑在对数表和实验数据簿上,仔细地计算着。好在他的一切努力都得到了回报:他的研究结果引起了一片轰动,至今仍是人类遗传学中得到最广泛应用的研究结论。

莱旺顿发现,总体来看,生活在这个星球上的每一个人的基因构成几乎都是相同的。不过,他还发现,绝大多数基因变异——约85%——存在于同一人口群体内的不同个体间,剩下的15%的基因变异发生在小群体间,只有7%的变异是发生在所谓不同种族之间的。

换句话说,假如一场核爆摧毁了人类,地球上只剩下一个小种族——比如非洲的马赛部落,当今世界上存在的所有遗传变异都会在这个小群体身上显现。

毋庸置疑,这有悖常理,而且有不少人因为该研究成果的反常识性而对它嗤之以鼻。我们每个人都亲眼看见黑人和白人存在巨大差异,种族差异怎么就不存在了呢?不过在这种情况下,眼见并不为实。为什么?因为影响外观的只是极小的一部分基因。

正如犹他大学(University of Utah)的人类学教授亨利·哈本丁(Henry Harpending)所说:"可以将个人电脑分为几大'种族'——如康柏、戴尔、捷威、美光,许多少数族裔群体也是如此。克隆体X和克隆体Y之间存在本质差异吗?几乎没有。拿去标签,我们几乎分不出谁是谁。个人电脑元件是完全可以互相交换的商品。不同'种族'的个人电脑的最大区别就是盒子外面的标签。人类不同种族间的差异也是如此。"

有关种族的传统观点被推翻了。几十年来,无论科学家还是外行人都一致认为,每个种族的遗传性状都是独一无二的,是不为其他群体所共享的,但是现已证明,这一观点完全是无稽之谈。

现代最具影响力的人口遗传学家、斯坦福大学的路易·卢卡·卡瓦利-斯福扎(Luigi Luca Cavalli-Sforza)表示:"把人类划分为不同种族已被证明是徒劳之举……考虑单个基因时,所有人口或人口群体都有重合的部分;而且所有等位基因（基因类型）在全人类身上都有所显现，只不过存在于不同序列中。因此，不存在足以对人类进行系统分类的基因，一个也没有。"①

群体遗传学的研究成果——尤其是"地球上几乎所有遗传变异都存在于种族内部"这一发现——表明热衷于以偏概全是多么荒谬的行为。看见一个微小的黑人群体赢了一万米赛跑，就推断所有碰巧有着相似肤色的人都擅长一万米赛跑，是非常愚蠢的。

就是因为我们是戴着种族有色眼镜看世界的，我们喜欢把所有事情——不仅是擅长跑步——归因为种族。

让我们回到之前的问题上。我们已经看到，长跑成绩傲人根本不是"黑人"奇迹，而是集中在埃尔多雷特小城周围的"南迪"奇迹；我们也看到，短跑成绩傲人的群体主要是非裔美国人和牙买加人。那么一个未解决的问题便是：为什么会这样？这些人口群体为什么会在体坛各领风骚呢？

一个可能的答案是，这些能力是遗传的：南迪人天生就擅长长跑，而非裔美国人和牙买加人天生擅长短跑。该结论没有以偏概全的嫌疑，因为它并未涉及"该遗传优势为所有黑人所共享"这一推论。

但是，有证据证明这一答案的正确性吗？这些群体的基因组里有成分能揭露这一生物学优势的存在吗？让我们先把注意力转回南迪人及他们在长跑领域取得的卓越成绩上。

一位研究肯尼亚赛跑现象的专家约翰·曼纳斯（John Manners）构建了一套十分详尽的理论来支持遗传优势概念。他的理论涉及如下内容——畜牧业、割礼仪式及一些对婚俗的设想。简言之，他认为自然选择和雌雄淘汰过程具有巨大威力，在2000多年的时间里以一种独特有力的方式塑造了这个有着惊人运动耐力

---

① 这并不意味着"种族"这个术语没有任何意义。倘若我告诉你有个人是"黑人"，你一定能对他的肤色、头发卷曲程度和其他遗传性特征猜个八九不离十。剑桥大学数学家 A.W. 爱德华兹在一篇现在名气不小的论文里也略微提及了这一点，他表示，即使不同人种间的遗传差异十分微小，但是种族特征的关联性也至少能让人识别出一个人的种族信息。

的部落。

曼纳斯承认自己的假设无从查证（人们可能会觉得他的理论有些站不住脚），但他表示，该假设对真相有一定的提示作用——还有什么理论能解释极少一部分人在一个所有人都能接触到的运动领域称霸天下的现象呢？

所幸，有一个人付出了他所有的工作时间，来寻找这个问题的答案。

体育竞技版的《夺宝奇兵》

一个中等身材的白人男性正在徒步穿越广阔的东非大峡谷的西部区域。他身穿蓝色牛仔裤和红色 T 恤，脚上穿着一双棕色靴子，身上背着一个破旧的包。太阳高高挂在天上，他左右环顾之时，阳光像海浪似的火辣辣地直射下来，扑到他身上。他的目光锁定了一间小泥屋，因为他艰苦跋涉过的农田里有很多这样的小屋，所以他还看了一眼手中的小纸片才确定。心满意足地找到了目的地后，他敲了敲门。

片刻后，一个高大英俊的黑人男性来到门前，他的妻子在他身后伸长脖子，想看看是谁来了。他们等候的正是这位白人客人，于是招呼他穿过面积不大的玄关。小屋里面是个单间，摆着一张破桌子、四把椅子，还有几张杂志简报钉在墙上——肯尼亚所有乡下住宅的基本配置几乎都是这些。主人给客人倒了一杯喝的，然后开始愉快地交谈。

在肯尼亚的这个地方出现一名白人男性着实奇怪，不过接下来发生的事情更是奇怪。客人从背包里拿出一个无菌试管，从试管里面抽出一根棉签，探进主人口腔内刮了一下。然后，他把棉签装进一个盒子里，把盒子封起来，接着小心翼翼地放进背包。接着，他又对主人的妻子实施了同样的步骤。之后，他们三个又聊了几分钟，然后起身握手。白人出门离开，继续马不停蹄地前往下一个目的地。

雅尼斯·比兹莱蒂斯（Yannis Pitsiladis）是我所见过的最了不起的学者之一。

他在青少年时期十分热衷打排球，在他的祖国希腊达到了顶级水平。不过退役后，比兹莱蒂斯才发现自己的志向所在：他想搞清楚为什么某些种族"跑力"超群。

很多学者都仔细思考过这个问题，不过他们都是坐在扶手椅上舒舒服服地想的，而比兹莱蒂斯则想要真凭实据。因此，他开始着手采集世界上最伟大运动员们的遗传数据。上文中的小泥屋位于埃尔多雷特以南 12 千米处，是肯尼亚赛跑奇迹的中心；而屋主则是 1968 年墨西哥奥运会 3 000 米越野赛跑的金牌得主阿摩司·比沃特（Amos Biwott），他的妻子是 1972 年慕尼黑奥运会的参赛者切罗诺·梅优（Cherono Maiyo）。

比兹莱蒂斯近些年的生活如同一个现代版的印第安纳·琼斯（Indiana Jones），电影《夺宝奇兵》的男主角。曲折穿越大峡谷，找寻深嵌在这片土地中的运动天赋的"金块"，时刻准备用棉签采集藏在运动员细胞中的宝贵 DNA 序列。他的旅途磕磕绊绊，耗费了不少资金。

"你无法想象我能走到今天这一步有多么不容易，"他说，"因为投资人不感兴趣，我为了有钱做研究，不得不两次将房子抵押贷款。我最近一次实地考察是由格拉斯哥的一家印度餐馆买的单（比兹莱蒂斯是格拉斯哥大学的一名讲师）。当时我正在吃饭，老板过来问我饭菜是否合胃口，然后我们就聊起来了；我给他讲了我做研究遇到的资金困难，然后他说他愿意掏腰包让我完成旅行。"

不过从许多方面来讲，筹集资金还是相对容易的。难的是比兹莱蒂斯为了找寻世界上最优秀的运动员不仅要去往天涯海角，还必须经历一个劳神费心的过程，获取道德方面的许可。首先，他要与当地奥委会进行接触以得到许可，接着还必须说服那些疑心较重的运动员签署同意书，同意自己的基因被用于研究分析。

一次埃塞俄比亚的实地考察之旅体现了他曾踩中怎样的雷区。在那次旅行后，他回到英国，几周后听说埃塞俄比亚奥委会秘书长被迫辞职了。为什么？因为媒体义愤填膺地报道这位秘书长是怎样准许一个白人科学家去窃取两次奥运会金牌得主——海勒·格布雷塞拉西（Haile Gebrselassie）——的 DNA，来创造一个新的白种超级运动员的。

不过，尽管比兹莱蒂斯的知识发现之旅障碍重重，它同时也是具有启示性的。我们已经知道，长跑中的地域奇迹不是"黑人"奇迹，而是只集中于肯尼亚南迪地区的现象。历史遗留问题是，这一小部分人口取得成功是否得益于遗传。

南迪人具有运动优势的生物学理论不难理解。南迪人与众不同的体型是种族隔离的结果，这使得南迪人的基因库与邻近族群产生差异，加上自然选择和雌雄淘汰制的支持，才形成了南迪人的独特体型。

回到格拉斯哥的实验室，比兹莱蒂斯拿出实地考察中收集的棉签，提取DNA，然后开始仔细检查基因，看看他假设的隔离是否真正存在。他首先集中处理线粒体DNA（遗传物质只来源于母亲）和Y染色体DNA（遗传物质只来源于父亲），这两种DNA都便于人们对血统和遗传相关性进行研究。

盯着数据时，比兹莱蒂斯猛然意识到，南迪人非但不是隔离人群，反而相当多样化，这就意味着该部落在几个世纪以来经历过很多次人口迁移——恰好和他预期的结果相反。"南迪部落极度独立，所承受的选择压力独一无二"的观点也是不经之谈。

各大锦标赛的奖牌得主也使"南迪人擅长长跑是遗传所致"的理论岌岌可危。最近20年里，摩洛哥和阿尔及利亚运动员开始在中长跑比赛中挑战肯尼亚的霸主地位；而在更长距离的赛跑中，肯尼亚运动员受到的是埃塞俄比亚运动员的挑战。

倘若预先设定南迪人长跑赛绩辉煌是遗传的结果，那么这肯定与你设想的不符。人类的演化所需的时间之长令人难以置信，因此在不同人口群体、不同地区间，先天优势不会一个十年接着一个十年、一个世纪接着一个世纪地发生变化。

比兹莱蒂斯也去埃塞俄比亚实地考察了一圈，收集了该国最顶尖运动员的DNA，比如说世界公认的有史以来最伟大的长跑运动员，格布雷塞拉西。结果如何？DNA分析结果显示，该人口群体——也和南迪人一样——具有遗传多样性。实际上，许多一流埃塞俄比亚运动员和欧洲人共享的线粒体DNA祖先比跟本国人共享的年代更近。而且，从遗传学角度讲，埃塞俄比亚人和南迪人距离相当远，尽管他们肤色相近（这表明"肤色是遗传相似性标志"一说有误导性）。然而，这又向遗传学说提出了一个难题。简言之，就是：如果两个人口群体从遗传学角度讲关系遥远，那么他们取得成功的驱动力又怎么会是同一个潜在的生物学现象？

"我们研究得越多，就越发现成功模式不是遗传所致，即使只有某些特定的人口群体取得了成功也无法说明这点，"比兹莱蒂斯说，"到目前为止，我们只核对了几种特定的基因，要把基因组里所有三万种基因都查个遍还需要几年，但现在我们已经能够理性且坚定地说——社会和经济因素才是肯尼亚长跑成功的首要推动力。"

多伦多大学的练习和表现科学专家斯科特·托马斯（Scott Thomas）认同这一说法。"虽然看起来优良表现有遗传的成分在，但是和种族无关。"他指出，盛产长跑冠军的埃塞俄比亚人和肯尼亚人的基因型"惊人地多样化"，他还表示，这些多样化的基因"其他地方的其他种族也具备"。

把长跑成绩放在足够长的时间段里，你会发现男子长跑比赛的霸主已经易主多次。20世纪早期，奥运会5 000米和10 000米长跑比赛总共设有36枚奖牌，斯堪的纳维亚运动员斩获了28枚；30年后，大洋洲运动员一马当先；然后是肯尼亚运动员制霸的时代；现在则是埃塞俄比亚和南非运动员优势明显。女子赛跑这边，中国运动员也数次打破世界纪录。

所有这些都不能排除遗传学在塑造不同族群的成败模式中发挥的作用，但是这强有力地暗示了还有其他威力更大的力量在发挥作用。

基因以外

如果基因不是首要推动力的话，那南迪人为什么那么成功呢？据比兹莱蒂斯所言，关键是顶级的肯尼亚运动员主要来自高海拔地区，就算与东非其他地方比海拔也更高。长久以来，长跑运动员都会用高原训练法来提升战绩，因为稀薄的空气迫使身体产出更多红细胞来运载氧气，这也增强了耐力。

如果把眼界放宽，再看看一流的埃塞俄比亚长跑运动员，你便会发现海拔的重要性之说更有说服力。结果表明，和肯尼亚一样，"埃塞俄比亚长跑奇迹"也极其具有针对性。一项最近的研究发现，埃塞俄比亚 38% 的马拉松精英来自阿尔西地区——该地区人口数量不到埃塞俄比亚总人口的 5%。阿尔西和埃尔多雷特一样，都位于东非海拔最高的地区。

当然了，只有海拔高一点还不足以保证长跑成绩的优异，尼泊尔和秘鲁（这两个国家海拔都不低）缺少长跑冠军就是一个证据。不过，当你把一个值得注意的事实也考虑进来——肯尼亚顶级长跑运动员从小就要跑步上学，距离之长非同寻常，有时候每天要跑 20 千米还多，这可能就是对南迪人长跑奇迹做出有说服力的解释的开始。

肯尼亚少年可不是因为喜欢才跑步上学的，这是没办法的办法——肯尼亚基本不存在公共交通，但是结果却很戏剧化。如果以 15 千米的时速跑步，每天总共要跑 80 分钟，一周下来就是大约 7 小时，一年就是 250 个小时，等到 16 岁的时候，这个少年几乎已经跑了 3 000 个小时。

比兹莱蒂斯表示："我们发现拔尖的长跑运动员童年都有跑很远的路去上学的经历，他们还在高海拔地区跑步。好多人跑的距离之长简直令人难以置信——每天超过了 20 千米。肯尼亚有些孩子把跑步当作一种交通方式，最近我们在一所海拔极高的小学——南迪南部的 Pemja 小学测量了学生们的跑步效率，在他们身上，我们看到了训练有素的长跑运动员的典型特质。"

本特·萨汀（Bengt Saltin）教授及其同事进一步证实了比兹莱蒂斯的研究结果。在一项意义重大的研究中，他们发现，跑步上学的东非儿童的最大摄氧量比通过其他交通方式上学的孩子的最大摄氧量高 30%。我要说明一点：这一有氧运动的能力优势不是靠遗传，而是通过成千上万个小时的跑步练出来的。

还有其他原因。自基普·凯诺（Kip Keino）在英国顶级教练约翰·威尔基安（John Velzian）的训练下于 1968 年获得奥运会冠军以来，田径运动就风靡肯尼亚全国，几乎每个年轻人都渴望复制他的成功；肯尼亚人的经济条件也不允许他们开展其他类型的运动；科学家发现，从营养学角度讲，肯尼亚传统饮食①是培养长跑冠军的最佳选择；肯尼亚培养顶级长跑运动员的体系十分成熟。把以上全部考虑在内，你会发现这些因素联合起来，能造就多么强大的力量。

短跑

我们已经看到，安廷认为黑人具有短跑优势的观点是有数据支撑的，而实际上，数据表明，获得好成绩的黑人集中表现为非裔美国人和牙买加人。这些人口群体有遗传优势吗？他们的 DNA 中有表明他们具有先天短跑优势的成分吗？

2003 年的一项研究发现，一种名为 ACTN3 的基因的变异和擅长短跑有关（主要作用于快肌纤维，有助于提升举重和跑步所需的爆发力），而这种基因的"短跑版"在牙买加人身上更常见。于是各新闻媒体头版头条纷纷报道说，牙买加的短跑成功是遗传所致。

不过，和往常一样，真相极其复杂难辨。不久后，研究便发现，不仅 98% 的牙买加人有这种意义重大的基因，82% 的欧洲人也有。也就是说，这两个人口群体中的绝大部分个体都有 ACTN3 这一和短跑成绩优异有关的重要基因。进一步研究发现，肯尼亚人（称霸多项长跑赛事，但几乎从没赢过短跑比赛）中该"短跑"基因的出现率甚至高于牙买加人。正如澳大利亚遗传学家丹尼尔·麦克阿瑟（Daniel MacArthur）所说的那样，"该变异在一个人口群体中的出现率和该群体产出短跑巨星的能力之间完全不存在一种清晰、明确的关系"。

既然从遗传学角度不可解，科学家们便把目光放在了支持牙买加短跑取得成功的文化力量上。例如，麦克阿瑟表示："牙买加在识别和培养精英田径运动员所需的基础设施和训练体制方面投入巨大，这点十分重要；崇拜本国田径英雄的文化也产生了巨大影响；而且牙买加年轻人志存高远，渴望凭借竞技体育的优异成

---

① 肯尼亚饮食包括少量烤肉、水果、炒蔬菜、牛奶和玉米面稠粥。这种食谱低脂且碳水化合物含量高，能够满足推荐的蛋白质摄入量。

绩使自己和家人脱离贫困。"

比兹莱蒂斯的调查研究没能从遗传学角度解释牙买加人和非裔美国人为什么能在短跑界取得的成功。"对牙买加和美国一流短跑运动员的基因研究非但没发现他们身上存在独一无二的基因组成,反而凸显了种族内部基因的多样性,"他说,"因此,没理由认为不同种族擅长不同体育项目是由遗传决定的;要证明这一点,就必须找到这一至关重要的遗传基因。直到今天,我们才证明,想找到该基因是十分困难的。"

安廷在《禁忌》一书中并未给出任何实质性的遗传学证据来支持他的种族观点,不过,他倒是花费大量章节纪实性地描述了非裔美国人在篮球和橄榄球等赛事中取得的与其人口比例不太相符的成功。他再次争辩说,这反映出黑人具有先天优势。但是,该观点还是存在漏洞——我们在本书首章已经看到,这些复杂项目的成功主要是由练习而不是基因决定的。

那么,该如何解释非裔美国人在竞技体育中取得的成功呢?为什么他们不仅短跑成绩优异,其他项目也拔尖呢?也许,需要注意的关键是,非裔美国人群体盛产职业体育方面的成功人士恰恰反映出其经济实力的薄弱。这表明,非裔美国人在体育界的成功不是遗传所致,而是因为机会不均等。这还表明黑人打入职业体育界是不得已而为之,因为其他经济生活领域的门槛太高。

两位著名经济学家玛丽安·贝特朗(Marianne Bertrand)和森德希尔·穆莱纳桑(Sendhil Mullainathan)于2003年做的一项实验十分具有开创性,能够强有力地证明上述解释。他们做了5 000份简历,然后把其中一半标上典型的黑人名字——比如蒂龙、拉托娅等,另一半则标上典型的白人名字——比如布兰登、艾莉森等。接着,他们又把白人简历分为高低两个水准,黑人简历也是如此。

几周后,工作邀请蜂拥而至,"黑人"收到的面试邀请比白人低了近50%。贝特朗和穆莱纳桑还发现,高水准白人简历比低水准白人简历更受欢迎,但两种黑人简历的受欢迎程度毫无差别。好像雇主眼里的简历只有三种:高水准白人简历、低水准白人简历和黑人简历。①

既然雇主对黑人取得的成功如此视而不见,那黑人孩子学习成绩不好又有什么可奇怪的呢?他们最后都进了体育界也没什么可大惊小怪的了。

"黑人"叱咤体坛意味着什么

黑人运动能力超凡这种说法有害吗?当然了,从科学角度讲,这一论断不太可靠,但它带来实际伤害了吗?难道不能将其视作一种好事——动摇了"白人至高无上"的观念?

值得注意的是,近几十年来黑人运动员的成功常被视作一种正面的强大力量。体育记者常常称赞乔·路易斯(Joe Louis)、穆罕默德·阿里和杰基·罗宾森(Jackie Robinson)等人战绩赫赫,说他们就像是攻城木,沉重地打击了种族主义者和偏执狂的意识形态,促进了种族平等。

《泰晤士报》的西蒙·巴恩斯(Simon Barnes)这样评价巴拉克·奥巴马竞选总统之举:

> 奥巴马欠20世纪伟大的美国黑人运动员一个人情。竞技体育不仅是社会的一个映射,更是改变社会的重要力量。奥巴马的竞选之路有黑人运动员在体坛里程碑式的成功铺路,体育同时也是具有塑造力的推土机之一。
>
> 体育也许是最有共通性、最客观的衡量人类价值的工具。当乔·路易斯大败马克斯·施梅林,艾尔西亚·吉布森杀出一条血路、五次斩获大满贯锦标赛冠军,根本不存在其他可能。有些黑人就是比白人强,没有人可以否认

---

① 以下数据明确显示出黑人在经济方面进步的阻碍有多大:美国人口统计局数据显示,黑人生活在贫困中的可能性是非黑人的两倍,且前者的年均收入比后者低近5 000美元。

这一事实。

这一评价分析了体育改变世界的力量，着实鼓舞人心。不过，它也忽略了一个重点。自古以来，黑人在体坛取得的成功便一直被曲解，使人们无法察觉"黑人天生就是优秀运动员"是一种危险的观念。为了明白这一观念危险在哪里，我们需要重新审视一下种族和体育的历史。

第一个认为存在种族生物差异的科学家是一位名叫卡罗勒斯·林尼厄斯（Carolus Linnaeus）①的瑞典植物学家。他在 1792 年发布的著名论文中描述，印第安人"脸红彤彤的，脾气暴躁，头发浓密、又黑又直，鼻孔大，固执倔强……容易满足……行事任性"；欧洲人则"金发碧眼，聪明伶俐，善于发明创造……办事有条理"；非洲人"冷漠，懒惰……头发弯弯曲曲……狡诈，迟钝，愚蠢……做事反复无常"。

林尼厄斯的言论引发了人们对种族等级概念的执着，但是直到 1895 年查尔斯·达尔文出版《物种起源》，这些各式说法才被"移植"到进化论这个新的热门学说中。科学家们利用达尔文观点提出，从进化角度讲，黑人与白人相比还不够完全。

这一说法的真实含义是什么？它意味着两个观点。第一，黑人的智力水平低于白人。哥伦比亚大学心理学教授亨利·爱德华·加勒特（Henry Edward Garrett）于 1963 年表示："黑人的抽象思维能力不如白人，水平较低。"第二，黑人比白人强壮，比白人跑得快，加勒特还说过："那些身体健康的非洲黑人是肌肉发达的动物。"

也许，把黑人"尚处在原始阶段的智力水平"和其超群的运动能力之间的关联性表达得最淋漓尽致的就是迪安·克伦威尔（Dean Cromwell）了。1936 年，身为美国代表团团长的他在柏林奥运会上说："黑人群体之所以在某些体育项目上

---

① 即卡尔·冯·林奈。——编者注

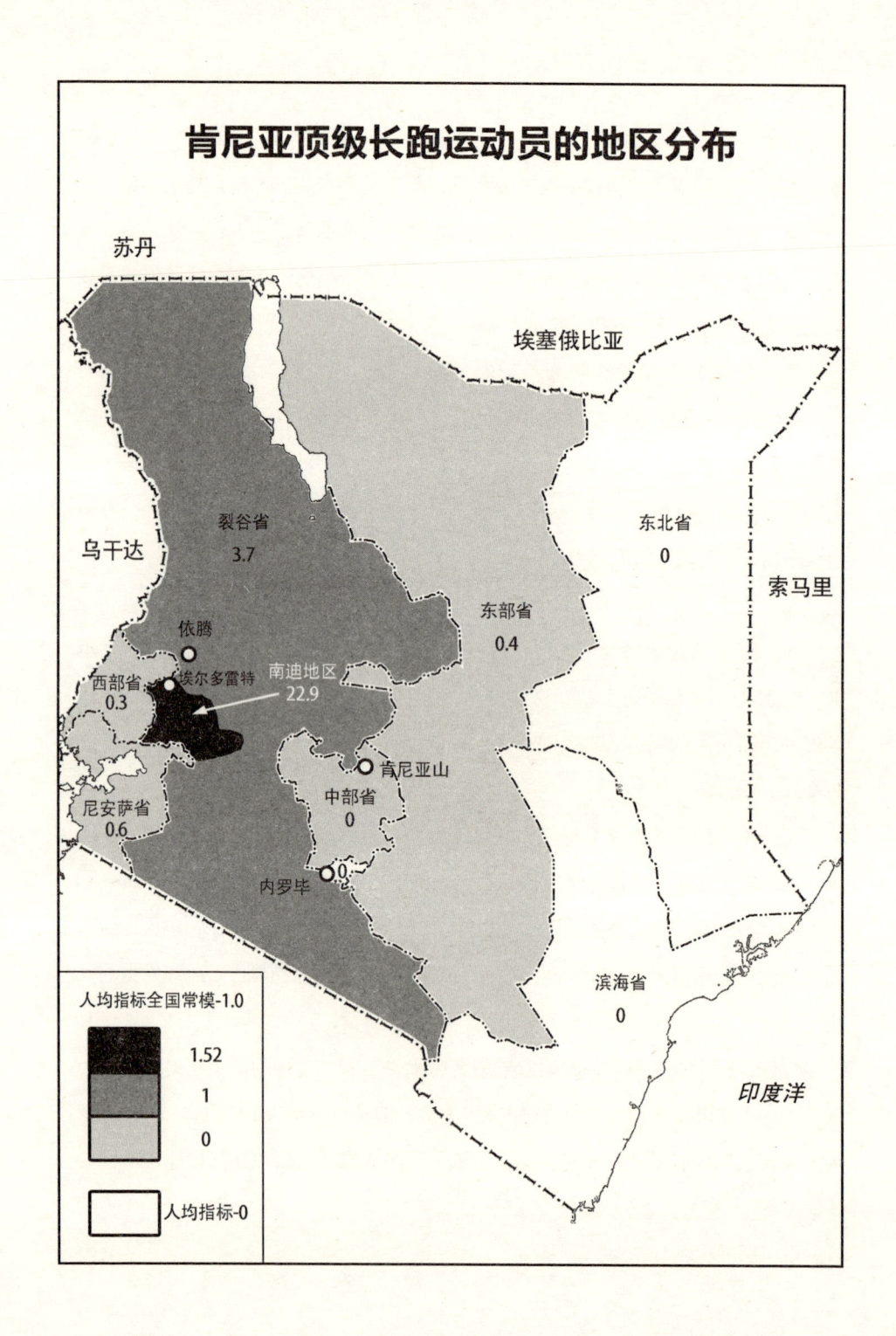

肯尼亚顶级长跑运动员的地区分布

苏丹

埃塞俄比亚

乌干达

裂谷省 3.7

依腾

西部省 0.3

埃尔多雷特

南迪地区 22.9

东部省 0.4

东北省 0
索马里

尼安萨省 0.6

肯尼亚山

中部省 0

内罗毕 0

滨海省 0

印度洋

人均指标全国常模-1.0

1.52
1
0

人均指标-0

186　天才假象

表现优异,是因为与白人相比,他们更接近原始人。不久之前,在丛林中是生是死还取决于他们的跑跳能力。头脑简单、四肢发达的配置有利于他们这种经常跑跳的人放松身心。"

当时的人们并不在意这种观点毫无科学根据的事实,在黑人原始落后的说法完全符合白人主体的经济利益时更是如此。认为黑人野蛮粗暴的观念——他们身体强壮、四肢发达却头脑简单——为美国南部乡下的棉花种植园压迫黑人的事实提供了道德上的合理性。

重点是,认为黑人四肢发达、头脑简单的理论却被证明是在近200年来最深入人心的观点之一,人们还通过这一说法来解读绝大多数黑人运动员的优异成绩。换句话说:黑人运动员的成功并未削弱白人至上主义,反而成了它的例证。

以杰西·欧文斯(Jesse Owens)在1936年柏林奥运会上取得的优异成绩为例。坊间流传的看法是,欧文斯斩获多枚金牌的壮举给了"雅利安人至上主义狠狠一击"。可真相是,德国大众早已深深中了"黑人运动能力过人"观点的毒,纳粹主义知识分子还声称,美国人选择一个有着"动物般巨大、畸形脚骨"的黑人来参赛,这是作弊。

柏林奥运会不仅是场灾难,更沦为希特勒宣传政变的工具。正如盖伊·沃尔特斯(Guy Walters)在《柏林奥运会》(*Berlin Games*)一书中的论述:元首政策的支持者越发坚定,国家加紧了对少数族裔的迫害,第二次世界大战的准备工作如火如荼地进行着。

同理,1908年成为首位黑人世界重量级冠军的杰克·约翰逊(Jack Johnson)惹得白人至上主义者不快,不是因为他在赛场上打败了白人运动员,而是因为他违反美国南部种族隔离的法律两度和白人女性结婚,还因为他在1910年打败白人拳击手吉姆·杰弗里斯(Jim Jeffries)后自吹自擂并嘲笑对手,引发了一场骚乱。白人对约翰逊的强烈反应不是因为他成功战胜了白人拳击手,而是因为他们害怕黑人会要求进行社会和政治改革。

而众多种族主义者会拥护乔·路易斯,哪怕他战胜的白人对手比约翰逊还要

第9章 黑人称霸径赛之谜

多,恰恰是因为他的成功和社会推崇的观念一致——黑人被有意培养成美国白人的一剂安慰剂,他们要求黑人"智力低他们一等"。

相同的分析适用于杰基·罗宾森在布鲁克林道奇队的首秀。他的主要功绩不是证明黑人能打好篮球——这一点黑人联盟的能力水平已经说明了一切。罗宾森的首个赛季具有颠覆性意义,不是因为他打了一手好球,而是因为其象征意义——他品质优秀、宽容隐忍,立场鲜明地呼吁废除种族隔离制度。

穆罕默德·阿里算是把这个问题讲得最清楚的人了。鉴于他是从一个黑人同胞手中夺得世界重量级拳王称号的,而这个黑人同胞又是从另一个黑人手中赢得这个称号的,我们能说阿里对种族平等的最大贡献是以这种方式展现了黑人的"价值"吗?

不能。因为阿里带来的政治和文化影响不仅限于拳击赛场,而是超越了赛场。他的拳头创造了平台,但是他靠语言发表了直击白人主体内心恐惧的黑人激进言论,为20世纪美国历史进程的改变添了一把火。后来证明,这是改变美国黑人民权运动时期复杂局势的一剂强心针。简言之,震撼世界的事实不是阿里有能力将白人下颌打开花,而是他能够打破"黑人智力发育不完全"的成见。

这并不是在否认黑人在体坛的成功没有重要的外延意义,而仅仅是相信该成功对种族平等所做的贡献远比人们声称的复杂得多。黑人在运动方面取得成功的核心影响并非削弱种族主义观念,而是增强受压迫的少数群体的自尊心。体育运动是种族自豪感最重要的来源之一,因为竞技体育的公正、客观能够保护黑人免受歧视的伤害,这也是他们能够处于领先地位的唯一的公共生活领域。从这层意义上说,体育为黑人提供了一个出发点,他们能够以此对白人至上主义——"白人占有智力高地"的谬见——展开强烈攻击。

那些需要用到脑力的体育项目是黑人的优异成绩推翻固有成见的唯一战场。例如,在六七十年代的英国,黑人被认为智力水平低下,不能在足球场上担任为队友制造进攻机会的需要创造性的角色,但像约翰·巴恩斯(John Barnes)这样的黑人足球运动员用精彩绝伦的表现向这一偏见发起了挑战。

同样，在美国也长时间地流传着这样的观点——黑人头脑简单，应付不了橄榄球四分卫这样的职位。美国亚利桑那州前运动员主管吉恩·史密斯（Gene Smith）说过："有这样一种成见——黑人四分卫的智力发展水平不足以让他们完成进攻。"道格·威廉姆斯（Doug Williams）和多诺万·麦克纳布（Donovan McNabb）等黑人运动员的卓越表现再一次与这种固有偏见展开了对峙。

但是，把这些成功放到更大的战役——种族平等之战中看，它们只不过是阶段性的胜利。以主流媒体对基普·凯诺在1968年（民权法案于4年前签订）奥运会上1 500米比赛中夺冠的报道为例，一家报纸说他是"半人半羚羊"，能"痛击美洲豹，让它飞到斑马残骸那儿去"。《洛杉矶时报》的吉姆·默里写道："凯诺10年前才走出肯尼亚大山，关于如何系统、正规地跑步，他知道的不比犀牛多。你似乎可以重现他被发现的经过。有一天，人们来到一块空地，发现了一群狮子，它们吐出舌头，肋上挂着厚厚一层汗水，足迹表明它们一直在追寻这个男人，而他则一边大口嚼着三明治，一边遥遥领先于前赴后继的狮群，没有任何生命危险。"

从这一观点来看，"黑人天生具有运动能力"不是一个无害的科学错误，而是一个威力巨大、有着极坏影响的历史观念。

成见威胁

从2001年到2005年，亚利桑那大学的心理学家杰夫·斯通（Jeff Stone）及其同事对1 500名学生进行了采访，揭示了人们普遍对种族和体育持有怎样的态度。他们发现，对黑人运动员，被试从很多因素中选出了先天运动能力，认为它优于该运动员的运动智力。而对白人运动员的评价则恰好相反：他们的运动智力被认为优于先天运动能力。

这强有力地证明了，黑人头脑简单但四肢发达（白人则相反）的旧观念不仅在历史上受人追捧，在今天的集体意识中还能找到附和的声音。

但是，研究人员还想研究一些更深层次的问题：这些成见真的重要吗？我们的人际关系（无论是在体育界还是其他领域）会受其影响吗？还是说，这些成见只存在于人的思想意识里，不会产生实质性的作用？

为了查明这一切，他们找来一组白人被试，让他们听一段篮球比赛的电台广播，然后对一位特定选手的表现做出评估。在第一轮测试中，研究人员引导被试相信该运动员是黑人。听完广播后，被试评价该选手运动能力高超，是一名卓越的篮球运动员。

但在第二轮测试中，研究人员对实验做了改动，告诉被试这名运动员是白人。于是被试觉得该运动员先天运动能力低下，不是名优秀的运动员。再次重申一下：同一段广播产生了两种几乎完全对立的观点。

由此可见，成见对我们世界观的影响是何等巨大——一名高中老师看见两个实力相当的运动员在比赛，尽管二人不分上下，但仅受潜在（而且可能只存在于潜意识里的）种族假设的影响，他仍会认为黑人运动员更有天赋。而且要记住，这种臆断根深蒂固，所有种族群体都会受到影响，包括黑人。

前面提到，雇主容易差别对待名字听起来像黑人的求职者。现在我们明白这是怎么回事了：这是因为他们可能会认为黑人求职者的智力水平不足以胜任这一工作，即使这些求职者的简历和其他优秀求职者的简历一模一样。这种观念其实可能只存在于潜意识里，但引发的结果却是实实在在的——想想看，名字听起来像黑人的求职者收到面试邀请的概率比简历水平和自己一样的白人低50%。

也许最致命的问题是，这些成见可能会永久存在。如果黑人群体注意到雇主并不重视自己受过良好的教育，他们可能会做出（相当种族化的）决定——把精力放到别的事情上，导致黑人受教育水平进一步下降。最后，这将意味着雇主所做的学历假设——与白人相比，黑人的认知水平不足以胜任这份工作——将会永久地通过残酷的现实得到印证。

放到竞技体育上，种族偏见就反过来了。现在的主流观念有利于黑人，不利于白人发展。白人往往不受重视（尤其是重视力量和速度的体育项目），因为人们潜意识认定他们在这些领域先天能力不足。而黑人则被看作天赋异禀，并备受鼓舞，他们因此更加勤学苦练，成绩越来越好，最初的设想似乎得到了印证。

也许把成见的影响力表述得最清楚、具体的就是斯通和同事在 1997 年做的那个实验了。他们找来在高中做过运动员的被试，包括黑人和白人，让他们完成高尔夫推球任务。他们发现两组选手表现得都很好，水平相当。但当研究人员告知被试该任务衡量的是"天生运动能力的高低"时，白人被试的表现就越来越差。事实是，他们是在接受一种充满负面偏见的评判，这导致他们表现变差。这个现象就是人们熟知的"刻板印象威胁"（stereotype threat）。

"比赛过程中，如果各队面对的客观条件完全一样，我们通常会假定他们的赛场体验肯定是一样的，""刻板印象威胁"一词的创造者、心理学家克劳德·斯蒂尔（Claude Steele）写道，"但那些深受负面成见困扰的运动员深知人们更容易认为他们能力有限，而那些未被如此定义的人则不会经受这种额外的心理威胁。这种心理威胁影响力很大，它会让人们在重视受测试能力的行业里找不到归属感。"

不仅体育界存在刻板印象威胁，生活中几乎所有领域里都是如此。例如，斯蒂尔让一组大学生接受一个标准化测试，他告诉他们测试对象是先天智力水平，结果白人学生的成绩比黑人好太多。但是将同样的测试放到实验室里，不告诉被试测试对象，黑人和白人的得分几乎一模一样，不分上下。

先入为主地认为种族成败模式是基因和遗传所致是再简单不过的事了，但本章的重点是告诉人们，起作用的是一种更微妙且难以捉摸的力量。长久以来，种族遗传学的研究发现一直在质疑将黑人和白人视作不同遗传类型（该看法，从更大程度上讲，巩固并支持了关于种族的刻板印象）的合理性。只要我们能丢掉种族的有色眼镜，世界不仅会呈现不同的模样，还会迅速发生切实的改变。

致　谢

我第一次听到安德斯·埃里克森这个名字，是在 2008 年和体育科学家进行圆桌讨论的时候。科学家们接二连三地提到这个对传统智慧概念进行再定义的佛罗里达心理学家，有时带着钦佩，有时则公然蔑视。埃里克森作品的颠覆性核心思想是，顶尖表现不是只留给少数幸运儿的，而是大多数人都能达到的水准。

埃里克森的思想启发了我，尤其是因为这些思想和我在反思自己运动员经历时逐渐发展并坚定起来的信念完全一致，也与我在采访众多世界顶级运动员时获得的证据相符。

本书的第一部分在很大程度上是以埃里克森的革命性研究为基础的。虽然我们对于专家决策过程中直觉扮演的角色意见相左，但是我的很多结论都是根据他和他学生的思想得出的。他对我的帮助是巨大的，尤其是他总是热情饱满地回答我的所有问题和疑问，还对这本书的初稿提出了宝贵意见。

我开始撰写本书的几个月以来，已有其他作家致力于推广埃里克森的思想，我也要好好感谢他们，尤其是杰夫·科尔文（《哪来的天才？》）、丹尼尔·科伊尔（《一万小时天才理论》）和马尔科姆·格拉德威尔（《异类》）。这些作品发人深省，帮我理清了思路，加强了理解，我在书中引用过上述作品。

我要感谢我的经纪人乔尼·盖勒满腔热情，让本书得以顺利发行；还有我的编辑、哈珀·柯林斯出版集团的克莱尔·瓦赫特尔，给我提出了无数宝贵的意见。对这两位的帮助，我永生难忘。我还要感谢《泰晤士报》和在我整个职业生涯中一直给予过我指点的编辑们。尤其是大卫·查普尔，他是我的良师益友，蒂姆·哈利西也是。《泰晤士报》是一家值得你卖力工作的好报社。

我的母亲迪丽斯在我的整个创作过程中提供了宝贵的意见和建议,让本书变得更好了。我将本书献给她。我的许多朋友和同事都读过最初的书稿,在这里我要一一感谢他们:蒂姆·哈利西、马克·托马斯、欧文·斯洛特、马克·威廉姆斯还有凯西·威克斯。

在本书的最后两部分,我吸收和利用了许多杰出学者、思想家、科学家和哲学家的著作。我在行文和尾注中赞美了他们的成就。尤其是心理学家理查德·格雷戈里,是他给了我第 8 章核心思想的灵感;还有在第 9 章提供了道德立场的约翰·哈里斯;而第 10 章的大部分内容则是对乔恩·安廷引人深思的理论的回应。

本·格尔达的《伪科学》(*Bad Science*)一书针对安慰剂效应的本质和重要性提出的见解是无价的,迪伦·埃文斯的《情感密码》则对人类情绪的进化论做出了绝妙总结。

后记 《天才假象》背后的故事

在很大程度上,成败都取决于我们天生的才能——你可以把这种观点称作我们这个时代的典型思想。根据该理论,无论是体育比赛、做生意还是上学,虽然后天下苦功很重要,但如果上天不赏饭吃,你是不可能出类拔萃的。

我们用"天才"一词合理化这一见解——世界上的顶尖人才天生基因里就写着"伟大"二字。虽然从科学原理的角度讲,该看法似乎顺理成章,但我们自身的经历仿佛是它更有力的证据。

当我们看到泰格·伍兹在距离旗杆数英寸处内用5号铁杆击出一个右曲球,我们不由自主地就会得出结论:他生来就具有我们凡人无法达到的协调能力;我们看到国际象棋大师蒙眼下了十几盘棋,便会推论说老天爷一定给了他一个好脑子,让他的记忆力比我们都好。

归根结底,我们得出的是一个极其简单但又相当具有诱惑力的结论——卓越是留给被选中的人们的,他们是"基因彩票"的赢家,而我们却无缘获奖。

本书——或者至少是本书的第一部分——直接对该观点发起了挑战。本书收集并整理了近25年来出现的能有效驳斥该结论的重大证据,批判了已有百年历史的信条。本书认为,只要我们肯吃苦,肯动脑,准备好进行长时间的练习,那么人人都可以实现卓越。

这无疑是一种离经叛道的论调。自本书出版以来,我在各大高校、广播和电视节目里就此展开过争论。尽管讨论是充满挑战、发人深省、乐趣无穷的,但还是引发了一种观点的反复出现。人们总是会问,天资的重要性就摆在眼前,我们怎么能视而不见呢?既然我们能从一群小孩里看出谁天资聪颖,怎么能说天赋异禀是站不住脚的呢?

除了以上这些反对的声音,还有一个威力更大的挑战。查尔斯·达尔文早在 150 多年以前就揭示,个人的成功与失败取决于遗传特性。他将此描述为进化的引擎,告诉人们遗传能够解释我们周围可见的许多特征变异,如身高、眼睛的颜色,等等。但如果这些可见的个体差异是遗传所致,那人们就会问,我们为什么不敢承认体育、音乐和科学等领域的杰出技能之间存在的巨大差异也是遗传所致?

下面我会针对达尔文主义提出的质疑进行探讨,但我们先仔细思考一下,我们看到天才就能毫不费力地"认出"他们,这种现象是怎么一回事。小提琴乐团的指挥说:"顶级教师一眼就能从一群学音乐的孩子里发现天才,看中他们,认为他们生来就能成就一番伟业。"这看起来没有任何不合理的地方,但教师怎么能确定这个看起来天赋过人的演奏者台下没下过苦功呢?他怎么知道经过多年练习,这个孩子还会像刚开始那样优于同龄人呢?

实际上,多项研究表明,他无从得知。例如,一项以英国音乐家为研究对象的开创性的调查发现,顶级演奏家的学习速度并不比成就略逊的演奏家快——在连续练习的前提下,各组的进步速度几乎一致。区别只是顶级演奏家的练习时间更长。进一步的调查研究显示,顶级演奏家小时候看似拥有的音乐天赋通常是父母在家对其进行额外指导的结果。

观察神童,你也能得出同样的结论。乍一看,那些十几岁就能达到世界一流演奏水平的孩子似乎天赋异禀,是这些过人天赋令他们拥有了通往卓越的捷径。但仔细审视,你便会发现另一副光景。

比如,泰格·伍兹于 1997 年成为美国大师赛最年轻的大满贯得主后,人们称他为天才。有人评价他是"有史以来最有天赋的高尔夫球选手"。但是现在想想看,他在还有 5 天才满 1 岁时就收到了一支高尔夫球杆做礼物,不到 2 岁就已经打过人生中的第一场球,5 岁前他所积累的练习时长就已经超过了大多数人一辈子的练习时间。他根本不是一个有着超能力,可以不用练习的高尔夫运动员,而是一个靠刻苦练习说话的例证。

天才假象的出现是因为我们只看到为铸就精湛技艺所付出的极小一部分努力。要是看过他们花费无数个小时练习的样子，看过一流演奏家为了登上顶峰曾蹒跚学步的样子，那些所谓的天赋似乎就没那么神秘莫测、与生俱来了。其实，大量研究表明，没有一个复杂任务领域的顶级专业人士能避开将技艺修炼至炉火纯青的水平所必需的十年苦功。

现在，我们讨论一下被达尔文主义奉若神明的天赋的重要性。无须赘言，我们都明白，从数学到棒球的所有领域里，青少年的能力有高有低是遗传作用的结果。有些孩子的能力一开始就是比别的孩子强，这是不争的事实。但是，专业的科学家意见已经揭露了重点——随着练习时间的增加，起初存在的差异造成的影响最终会不复存在。

为什么？因为时间和正确的练习会让我们发生巨大的改变。不仅身体会发生变化，大脑构造也会发生变化。例如，青年钢琴家负责控制手指的大脑区域比常人要大。但他们并不是生来如此，这是多年练习的结果。同理，出租车司机大脑中空间导航区域的大小远高于平均水平，这也是多年积累的工作经验导致的。

现在想象一下，有两块石头，要分别用它们做米开朗琪罗《大卫》雕像的复制品。假设其中一块的原始状态稍微有点像大卫雕像，就像云的形状偶尔会让人产生联想一般。然后，假设现在有两名雕刻家进入房间，得知他们都有整整一年的时间化各自的"腐朽"为神奇。

哪块石头最终会更像原作呢？我们能说结果和两块石头的原始形状有关吗？还是要说，最终成品完全取决于两位雕刻家的专业技术水平？这和打高尔夫、弹钢琴是一个道理，起步之初的能力高低一点也不重要。最终成就的大小是由练习的质和量决定的。最终技艺的炉火纯青是靠练习达到的。

在古代，人类祖先的全部时间几乎都用来求生存，因此遗传相当重要；而如今，人人都觉得有可能也必须用半辈子的时间去掌握一个极其复杂的特定领域内的专业知识与技能，这时候遗传就不再是重中之重。专业化和交换——现代资本主义使劳动分工成为可能——已经改写了游戏规则，但我们对卓越的思想认识却还困在古代，停滞不前。

换句话说，从我们是通过遗传从父母那里得到初始技能的角度看，尽管否认天才的存在可能确实是反进化论的观点，但是否认天资的重要性不是。由于人类的身体和大脑都具有良好的适应能力，尽管每个人起步不同，但结果表明，几乎所有心智健全的个体都具有积累知识、成就卓越的能力。研究证据还告诉我们，大家的学习速度都差不多，至少从长期看是这样。不过可以确定的一点是，成功没有捷径。

体育当然只是现代社会标准下的众多专门领域中的一个。顶级的网球、足球、冰球和棒球运动员为了在各自的特定领域成功，付出的练习时间是常人难以想象的。不过，世界一流的放射科医生、企业家、军事飞行员以及其他身怀绝技的专业人士也都付出了艰苦的努力。他们练习了成千上万个小时，知识技能在此过程中得到了沉淀和升华。是这不同寻常的献身精神，而不是天资铸就了他们的卓越。

如果关于天资本质的整场争论仅仅是纯学术讨论，只是在课堂、演讲厅或是学术周刊上进行的，那无关痛痒。不幸的是，事实并非如此。"天才神话"不仅广泛流传，其破坏力也是毁灭性的，剥夺了个人和机构改变现状的动力。

为了一探究竟，假设有个女孩（当然也可以是其他任何人）特别买"天才神话"的账。那么她可能会把任何失败（无论是打高尔夫还是学数学，或者其他领域）都视作自己天资不足的证据，因此很有可能半途而废。在看重天赋前提下，这么做完全合乎情理。但是，那些坚信卓越取决于后天努力的人则不会将失败看作一种控诉，而是当成一个适应和成长的机会。因此，他们会持之以恒，最终脱颖而出。

这样看来，真实世界的成败和基因半点关系都没有，而在很大程度上取决于我们对天资本质的根本认识，这个观点也就没什么稀奇的了。爱迪生本人就说过："就算尝试了一万次都没用，我也还没失败。我不会沮丧气馁，因为每一次错误的尝试都意味着向前更进一步。"

应该把这句话钉在每一所学校的墙上，深深刻在每一位家长、老师和政治家的脑海里。

延伸阅读

对于那些有兴趣深刻探究本书中心思想的读者朋友，请允许我在这里向大家推荐几本佳作。

本书开篇 3 章中我最推崇的杰出作品就是《剑桥专业知识与专家水平手册》（*The Cambridge Handbook of Expertise and Expert Performance*）。这本大部头由世界顶尖的业内学者编辑，内容充实，它也是近代以来最杰出的社科书籍之一。从本质上讲，这是一本著名科学家的文章集合。每一章都会提出一个重要的论点，阐述如何在每一个领域——从体育到医学，从象棋到商业——成就卓越。

最发人深省的文章出自安德斯·埃里克森之手，他现在是佛罗里达州立大学的心理学教授，很有威望。他是马尔科姆·格拉德威尔和史蒂芬·列维特（Steven Levitt）等知名作家钟爱的研究者，推翻了成功是由天资决定的理论，所列证据令人信服，文风有趣、可读性强，他揭示了一个道理：只要肯努力，用对训练方法，几乎所有人都能拥有好成绩。

还有一本佳作是卡罗尔·德韦克的《自我理论》（*Self-Theories*），该书是本书第 4 章中大部分论证的基础。德韦克是一位美国思想家，现任斯坦福大学的心理学教授。她将毕生献给了对成功的心理机制的研究，并在研究中发现了某些青少年能在通往卓越的道路上（无论是在运动界还是普通学校里）持之以恒，而其他人却一遇到困难就打退堂鼓的原因。

她认为动力只是部分原因，大多数情况下，更重要的是我们自身的思维模式。她非凡的研究成果揭示，人们在被称赞天赋异禀时，表现水平会出现显著下降；而被称赞刻苦努力时，成绩和毅力都会得到显著提升。她对这一颠覆传统的认识进行了充分论证,体现了它对竞技体育和日常生活的巨大影响。

本书第 5 章描写了信仰的力量,探讨了一件具有讽刺意义的事——即使某种信仰(比如信仰某个神灵)并不科学,但只要信仰持有者坚信无疑,该信仰就能对其赛场发挥水平产生巨大影响。目前有不少探讨这一现象的行为经济学文章,多出自心理学家谢莉·泰勒(Shelley Taylor)之手。不过,最引人入胜的可能还得是里昂·费斯廷格(Leon Festinger)所著的《当预言魔力不再》(When Prophecy Fails)。

本书第 6 章审视了"死机"现象,以及很多人都在重压下经历过的不同形式的精神崩溃。目前,一些心理学和认知神经科学研究已在该领域内进行,成果喜人。有关该主题的许多有影响力的作品都出自芝加哥大学心理学家西恩·贝洛克(Sian Beilock)之手。有一本小说也谈到了死机现象,那就是霍华德·雅各布森(Howard Jacobson)的作品《强势的华尔兹》(The Mighty Walzer)。

本书第 8 章利用心理学中最吸引人且发展最为迅速的专业知识之一,对人类感知结构进行了阐述。丹尼尔·丹尼特(Daniel Dennett)的《意识的解释》(Consciousness Explained)和彼得·斯特劳森的著名文章《感知与其目标》(Perception and Its Objects)都十分引人入胜。不过,可能对该思想贡献最杰出的还属理查德·格里高利教授。他是一位哲学家,也是一位神经科学家。令人痛心的是,他于 2010 年 5 月去世了。他的《知觉与错觉的认识》(Knowledge in Perception and Illusion)一文堪称杰作,其中的论述科学、严谨,文笔清晰、明快。

如果要就第 9 章展开阅读,约翰·哈里斯的《强化进化》(Enhancing Evolution)值得一读。作者是该领域最激进的思想家之一,该书涉及的领域是相对较新的生物伦理学。曼彻斯特大学的哲学教授哈里斯高瞻远瞩,在基因工程问题上立场鲜明,值得赞赏。他认为,如果基因工程能够提升生活质量、减轻痛苦,那么我们不仅有权利,而且也有义务去改变人类基因组。

对于那些表示走一条不同的进化道路会彻底改变人性的人,哈里斯只有一句话——"那就改变吧"。人类基因组存在各种弱点,我们花费大量的时间和资源来试图对其进行纠正，主要手段是医学。如果能通过基因干预克服这些难题，又何乐而不为呢？作为一名功利主义者，哈里斯认为，我们应当一门心思专注于成果，不要在意手段。

本书第 10 章的主题是体坛和生活中的种族差异，设法对"这些差异是由不同种族间的根本性遗传差异造成的"理论发起挑战。该章节的科学依据大多受到进化论生物学家理查德·莱旺顿的启发。而哈佛大学的罗兰·弗莱尔（Roland Fryer）教授的许多论文则表达了关于潜意识中种族歧视的社会动力的非凡见解。

出版后记

本书的主题延续了作者萨伊德一贯关注的领域——成功和专家表现。作为一名屡创佳绩的退役运动员，他拥有讨论这个问题的最佳基础。他从自身经历出发，反驳了运动界过于看重天赋的观点，强调了努力和刻意练习的重要作用。在运动界尚且如此，在那些本来就没有运动界看重天赋的领域里，成功自然更依赖汗水的灌溉。在选择管理者时，一个智商过人的外行远不如一个经验丰富的内行，这是因为练习和经验，而不是逻辑推理能力，才是正确决策的关键。

有了技能并不会为成功打包票，萨伊德接下来从如何掌握高水平的专业技能谈到如何在关键时刻出色发挥。临场掉链子是个太普遍的现象，许多高水平人士都是它的受害者。萨伊德剖析了这种现象发生的内在原因：长期的练习已经将技能交给内隐系统运行，过度紧张促使人们将操作提升至外显系统，打乱了技能的正常运行。

萨伊德还对一些与专家表现相关的常见偏见的心理学因素做了分析，我们经常意识不到自己踏入了这些心理学陷阱。这些话题都指向同一个结论——练习永远是优异表现的首要条件。天赋和一些外因只能决定你的起点，只有自己可控的勤勉努力才能决定你的终点。

本书在考虑地区与文化差异的基础上已做适当删减。

服务热线：133-6631-2326　188-1142-1266
服务信箱：reader@hinabook.com

后浪出版公司
2018 年 3 月

图书在版编目（CIP）数据

天才假象：从刻意练习、心理策略到认知陷阱 /（英）马修·萨伊德著；金玉璨译 . — 南昌：江西人民出版社，2018.3

ISBN 978-7-210-10020-1

Ⅰ. ①天… Ⅱ. ①马… ②金… Ⅲ. ①成功心理—通俗读物 Ⅳ. ①B848.4-49

中国版本图书馆CIP数据核字(2017)第325667号

BOUNCE: Mozart, Federer, Picasso, Beckham, and the Science of Success,
Copyright ©2010 by Matthew Syed.

Published by arrangement with Harper Perennial, an imprint of HarperCollins Publishers.

This simplified Chinese edition published by ©2018 Ginkgo (Beijing) Book Co., Ltd.
本书简体中文版由银杏树下（北京）图书有限责任公司出版。

版权登记号：14-2017-0532

天才假象

作者：[英]马修·萨伊德　译者：金玉璨
责任编辑：冯雪松　特约编辑：刘昱含　筹划出版：银杏树下
出版统筹：吴兴元　营销推广：ONEBOOK　装帧制造：墨白空间
出版发行：江西人民出版社　印刷：北京中科印刷有限公司
690毫米×960毫米　1/16　13印张　字数190千字
2018年3月第1版　2018年3月第1次印刷
ISBN 978-7-210-10020-1
定价：42.00元

赣版权登字 -01-2017-1087

后浪出版咨询(北京)有限责任公司 常年法律顾问：北京大成律师事务所　周天晖 copyright@hinabook.com
未经许可，不得以任何方式复制或抄袭本书部分或全部内容
版权所有，侵权必究